普通高等教育"十四五"规划教材

近代物理实验指导

主　编　何　新
副主编　韩云鑫　张　怡　李修建
参　编　邓楚芸　王　广　张振福　杨俊波

北　京
冶金工业出版社
2021

内 容 提 要

本书共有 5 个实验模块,内容包括量子理论基础实验、微波物理与光电探测实验、半导体物理实验、信息光学实验及薄膜光学实验。

本书可作为高等院校近代物理实验课程的教材,也可供理工科相关专业师生、实验研究人员和工程技术人员参考。

图书在版编目(CIP)数据

近代物理实验指导/何新主编. —北京:冶金工业
出版社,2021.10

普通高等教育"十四五"规划教材

ISBN 978-7-5024-8900-7

Ⅰ.①近… Ⅱ.①何… Ⅲ.①物理学—实验—高等
学校—教材 Ⅳ.①O4-33

中国版本图书馆 CIP 数据核字(2021)第 168275 号

出 版 人 苏长永

地 址 北京市东城区嵩祝院北巷 39 号 邮编 100009 电话 (010)64027926
网 址 www.cnmip.com.cn 电子信箱 yjcbs@cnmip.com.cn
责任编辑 杜婷婷 美术编辑 彭子赫 版式设计 郑小利
责任校对 范天娇 责任印制 李玉山
ISBN 978-7-5024-8900-7
冶金工业出版社出版发行;各地新华书店经销;三河市双峰印刷装订有限公司印刷
2021 年 10 月第 1 版,2021 年 10 月第 1 次印刷
787mm×1092mm 1/16;12.75 印张;304 千字;191 页
46.00 元

冶金工业出版社 投稿电话 (010)64027932 投稿信箱 tougao@cnmip.com.cn
冶金工业出版社营销中心 电话 (010)64044283 传真 (010)64027893
冶金工业出版社天猫旗舰店 yjgycbs.tmall.com
(本书如有印装质量问题,本社营销中心负责退换)

前　言

　　"实践是检验真理的唯一标准"，科学实验与科学理论是科学发展过程中的一对矛盾统一体。科学实验是搜集科学事实、检验科学假设、形成科学理论的重要实践基础，推动着科学理论和科学技术不断发展进步。物理实验作为科学实验的重要组成部分，既是发现物理规律的重要手段之一，又是检验物理理论的最有效途径之一。在物理学发展史上，物理实验发挥了不可替代的作用。

　　物理实验课程是物理教学体系的重要一环，比物理课程实验具有更高的层次、更完善的体系。尤其是，近代物理实验课程以 20 世纪建立发展的量子理论、相对论等近代物理学为基础和核心，是在大学物理和电子技术实验课程基础之上，系统性、技术性、前沿性更强的物理实验课程。学习掌握近代物理实验课程中提供的思想、方法和技术，对于更加深入地理解近代物理学理论体系、了解近代科学技术的进步，都具有十分重要的意义。

　　近代物理实验的内容具有紧跟前沿、多学科交叉的特点。通过学习实践，能够使应用物理、光电信息工程、材料科学技术、电子科学与技术等专业的学生，在大学物理实验所学基础实验原理和方法的基础上，得到锻炼和提升，并理解和掌握近代物理前沿实验原理、方法和技术，为他们进入学科专业实验课程学习和专业实验研究打下坚实的物理实验基础。对于高等院校物理类相关专业的本科生，近代物理实验是一门重要的基础必修课程。对于非物理类专业的本科生及工科专业的研究生，学习该课程也会有较大收获，有利于夯实物理基础，提高交叉创新能力和综合科学素质。

　　近代物理实验课程学习的主要任务包括：

　　(1) 通过若干精选的近代物理经典实验，同时结合一些物理学的前沿发现或者在工程实际中最新应用的近代物理规律和效应等形成的实验，拓宽学生的近代物理知识面，引导学生掌握近代物理各主要领域中具有代表性、典型性的实验思想、方法和技术。

（2）通过学习掌握有关科学仪器的原理和使用，培养学生制定测量方法、设计实验方案和选择测量仪器的实验设计能力、正确进行实验测量的动手操作能力，以及对实验数据进行分析处理和对实验结果进行归纳总结的综合能力。

（3）训练学生在实验中发现问题、分析问题、解决问题的能力，培养实事求是、严肃认真、踏实细致的科学态度和团结协作的工作作风，提高学生的科学实验素养。

随着各种高精密科学仪器设备的迅速发展和应用，各行各业都非常重视作业流程及操作规程，如此才能真正发挥各仪器设备的能效。在此背景下，通过近代物理实验课程的学习，熟悉掌握有关仪器、关键部件的设计思想、结构功能和工作原理非常重要。这既有利于使学生领会如何从知识转变为应用，也有利于让学生体会实验思想、方法和技术的具体实现手段和形式，提高学生根据需要选择合适测试方法和仪器设备的能力。

在近代物理实验课程的学习中，按照规定的科学实验流程正确、规范地动手操作也十分关键，直接决定了预期实验现象能否稳定展现，后续分析处理和归纳总结能否顺利进行，进一步影响实验任务能否圆满完成。通过对科学实验流程的规范性理解，是培养和提高学生科学实验素养的需要，并可以提高学生的操作应用能力。

鉴于此，编者结合多年的课程教学实践经验及实验设备现状，编写了本书，内容涉及量子物理、微波物理、光电探测、半导体科学与技术、信息光学、薄膜光学等领域，共18个实验。本书简要介绍了每个实验的背景、原理和方法，着重介绍了实验装置原理、结构、特点和操作规范，以及正确进行实验的规范操作流程。在突出基本技能训练的同时，每个实验操作指导都特意介绍了一些拓展性的内容，激发学生自主探索的兴趣。

参加本书编写的人员有：何新负责编写前言、第一章和第五章的主体内容、第三章的部分内容；韩云鑫负责编写第三章的主体内容；张怡负责编写第二章和第四章的部分内容；邓楚芸负责编写第一章的部分内容；王广负责编写

第五章的部分内容；张振福负责编写第二章的部分内容；李修建负责编写前言、第四章的部分内容；杨俊波负责编写第四章的部分内容。全书由何新组织编写、统稿并担任主编。此外，杨俊才、兰勇、杨建坤、常胜利、戴穗安、刘菊、王晓峰、贾红辉、张海良、邵铮铮、贾辉老师对本书提供了非常重要的指导，在此表示衷心的感谢。

在本书的编写过程中，参考了有关教材及一些实验设备生产厂家的资料，在此对相关作者及企业一并表示感谢。

由于编者水平所限，书中不妥之处，敬请读者批评指正。

编　者

2021 年 6 月

目　　录

1 量子理论基础实验

近代物理学是在量子理论和相对论基础上发展起来的物理学理论体系。在量子理论体系的建立、发展和完善过程中，原子分子物理系列实验曾经发挥过重要的里程碑作用，它们揭示了原子物理与量子力学的一些基本关联规律，为解决 20 世纪初经典物理学的困扰立下了丰功伟绩。它们的出现表明人类的科学实践已摆脱了经典概念的束缚，深入到了量子力学领域，进而为人类研究物质的微观结构开辟了重要途径。

本章涉及的实验方法和技术是现代科学技术中研究物质结构的一个重要组成部分。通过这些实验能够学习到前辈物理学家巧妙的实验设计思想和高超的实验观测技能，而且也可以为深入学习量子物理、光谱分析和物质结构等打下良好的基础。

1.1 黑体辐射实验

黑体单位表面积向外界在单位时间、单位立体角、单位波长或频率间隔内辐射出的能量（辐射出射度），呈现出随波长或频率增加而先增大后减小的变化趋势。该变化趋势无法从经典物理理论得到解释，成为当时物理学界著名的"两朵乌云"之一。这促使德国物理学家马克斯·普朗克（Max Planck）在 1900 年创造性地提出"能量子"假说及黑体辐射定律公式，标志着量子理论的萌芽。

1.1.1 实验目的、内容与要求

1.1.1.1 实验目的

了解普朗克提出的"能量子"假说，掌握黑体辐射基本规律（普朗克黑体辐射定律、斯特藩-玻耳兹曼定律、维恩位移定律），掌握光栅单色仪的工作原理和使用方法。

1.1.1.2 实验内容与要求

（1）测量并验证黑体辐射的普朗克黑体辐射定律、斯特藩-玻耳兹曼定律、维恩位移定律，要求至少针对三种不同温度的黑体辐射进行测量分析（基础内容）。

（2）观察光栅的高级（二级）衍射光谱（拓展内容）。

（3）测量发光体的辐射能量曲线（拓展内容）。

1.1.2 简要原理

1.1.2.1 普朗克"能量子"假说

普朗克假设黑体物质只能"一份一份"地吸收或发射电磁辐射能量，每"一份"能量的大小 E 取决于电磁辐射的频率 ν（或波长 λ），即

$$E = h\nu = h\frac{c}{\lambda} \tag{1-1}$$

式中　h——普朗克常数。

1.1.2.2　普朗克黑体辐射定律

设黑体表面单位面积在单位时间、单位立体角、单位频率间隔内向外界辐射出的能量（辐射出射度）为 $M(\nu,\ T)$，则

$$M(\nu,\ T) = \frac{2h\nu^3}{c^2} \cdot \frac{1}{\mathrm{e}^{\frac{h\nu}{kT}} - 1} \tag{1-2}$$

式中　ν——电磁波的频率；

　　　T——黑体的绝对温度；

　　　k——玻耳兹曼常数。

考察单位波长间隔内的辐射出射度 $M(\lambda,\ T)$，那么

$$M(\lambda,\ T) = \frac{2hc^2}{\lambda^5} \cdot \frac{1}{\mathrm{e}^{\frac{hc}{\lambda kT}} - 1} \tag{1-3}$$

式中　λ——电磁波的波长。

需要注意的是，式（1-3）与式（1-2）之间可以依据下式进行相互转换

$$M(\nu,\ T) \cdot \mathrm{d}\nu = - M(\lambda,\ T) \cdot \mathrm{d}\lambda \tag{1-4}$$

1.1.2.3　斯特藩-玻耳兹曼定律

设黑体表面单位面积在单位时间内向外界辐射出的总能量（全波段总辐射出射度）为 $M(T)$，则

$$M(T) = \sigma T^4 \tag{1-5}$$

式中　σ——斯特藩-玻耳兹曼常数，$\sigma = 5.670373 \times 10^{-8}\mathrm{W/m^2 \cdot K^4}$。

1.1.2.4　维恩位移定律

设 λ_{m} 为黑体最大辐射出射度时所对应的波长，则

$$\lambda_{\mathrm{m}} T = b \tag{1-6}$$

式中　b——维恩位移常数，$b = 2.89776829 \times 10^{-3}\mathrm{m \cdot K}$。

1.1.3　实验设备介绍

实验设备为 WHS-1 型黑体实验装置，它主要由溴钨灯及可调电流稳压源、光栅单色仪及电源控制箱、接收单元等组成，如图 1-1 所示。

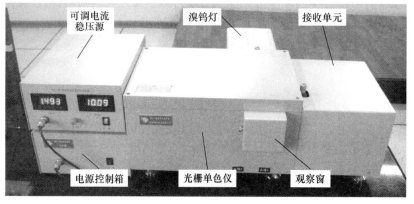

图 1-1　WHS-1 型黑体实验装置

1.1.3.1 溴钨灯及可调电流稳压源

金属钨的熔点可达 3650K，处于高温时的辐射近似于可见光波段内的黑体光谱能量分布，所以可被用作模拟黑体。在给定温度 T 下，钨灯丝的总辐射度 $R_T = \varepsilon_T \sigma T^4$，其中 ε_T 为总辐射系数（溴钨灯辐射度与绝对黑体辐射度的比值）。溴钨灯的结构如图 1-2 所示。

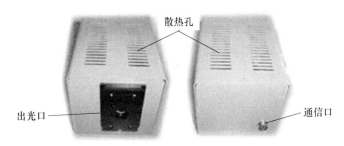

图 1-2 溴钨灯

可调电流稳压源为溴钨灯供电，只要事先标定好灯丝温度与工作电流的一一对应关系，就可以通过调节流经灯丝的电流大小以改变溴钨灯的色温。需要特别注意的是，将灯丝电流调节到某个值后，随着灯丝温度的变化，灯丝电阻会改变，灯丝两端电压随之变化。因此，保持灯丝电流不变，当灯丝两端电压不再变化时，灯丝温度即已稳定在设定的温度值。表 1-1 为标定得到的溴钨灯工作电流与温度的对应关系。

表 1-1 工作电流与溴钨灯色温的关系

工作电流/A	标定色温/K
1.7	2999
1.6	2889
1.5	2674
1.4	2548
1.3	2455
1.2	2303
1.1	2208
1.0	2101
0.9	2001

1.1.3.2 光栅单色仪及电源控制箱

光栅单色仪主要由光路系统、光栅驱动装置、观察窗等组成。光路系统如图 1-3 所示。

溴钨灯发出的光被反射会聚并通过入射狭缝 S_1，经平面反射镜 M_1、球面反射镜 M_2 转化为平行光束入射到光栅 G 上，衍射后平行光束经球面反射镜 M_3，并借助可旋转的平面反射镜 M_4，使得光束会聚在出射狭缝 S_2 或出射狭缝 S_3。若光束进入 S_2，则经调制器 T 调制（800Hz），再经平面反射镜 M_5、深椭球镜 M_6 成像到接收器件 P 的靶面上。若光束进入 S_3，以便于借助观察窗（放置一块 40mm×40mm 的单面磨砂毛玻璃）进行现象观察。

S_1 位于 M_2 的焦平面上，S_2 位于 M_3 的焦平面以及 M_6 的长轴焦点上，S_3 位于 M_3 的

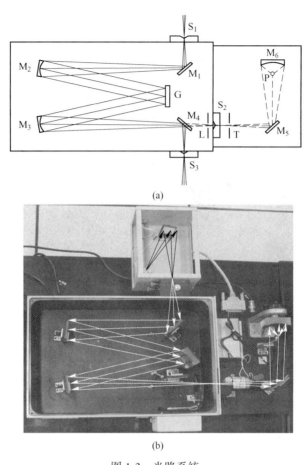

(a)

(b)

图 1-3   光路系统

（a）光学系统原理；（b）设备内部光路

S_1—入射狭缝；S_2—出射狭缝Ⅰ；S_3—出射狭缝Ⅱ；G—平面衍射光栅；

M_1，M_4，M_5—反射镜；M_2，M_3—球面反射镜；M_6—深椭球镜；

L—滤光片；T—调制器；P—接收器件

焦平面上，P 位于 M_6 的短轴焦点处。入射狭缝 S_1 以及出射狭缝 S_2、S_3 均为可连续调节宽度（宽度范围 0~2.5mm）的直狭缝，长度为 20mm，如图 1-4 所示。

狭缝S_1

狭缝S_2

图 1-4   可调宽度狭缝

反射式平面光栅 G 作为分光（色散）器件，该器件是一种表面上有大量等间距直沟槽或直刻痕的平板，如图 1-5 所示。当一束平行平面波斜入射到衍射表面，反射光与入射光之间满足下列关系式

$$d(\sin\alpha + \sin\beta) = m\lambda, \quad m = 0, \quad \pm 1, \quad \pm 2, \cdots \tag{1-7}$$

式中　d ——相邻直沟槽或直刻痕的间距；

　　　α ——入射角；

　　　β ——反射角；

　　　λ ——光波长。

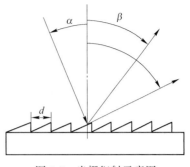

图 1-5　光栅衍射示意图

光栅驱动装置采用"正弦机构"旋转光栅以实现扫描，如图 1-6 所示。光栅放置在与正弦杆相连接的光栅台，光栅的回转中心通过正弦杆的回转中心。利用精密步进电机驱动丝杠，拖动丝杠上的螺母沿丝杠的轴线移动；螺母推动正弦杆，使其绕自身的回转中心转动，从而旋转光栅，使得被光栅衍射的不同波长的光依次通过出射狭缝，实现波长扫描。

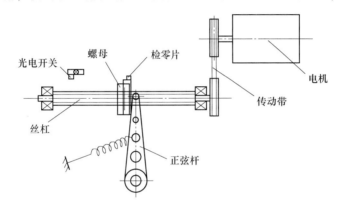

图 1-6　光栅驱动装置示意图

1.1.3.3　接收单元

本实验设备测量 800～2500nm 波长范围的近红外光波段。接收单元中的光电探测器采用 PbS 制作，在上述波段范围内有较好的光谱响应度。

PbS 探测器是一种晶体管外壳结构，该元件被封装在充有干燥氮气或其他惰性气体的晶体管壳内，并采用熔融或焊接工艺以保证全密封。该 PbS 探测器可在高温、潮湿条件下工作，并且性能稳定、可靠。从光栅单色仪出射狭缝 S_2 出射的连续光信号，被调制成频率为 800Hz 的光信号，到达 PbS 接收器转化为电信号。

1.1.4　实验操作规程及主要现象

需要特别注意，在实验过程中切勿改变光栅单色仪上狭缝 S_1、S_2 和 S_3 的宽度，否则需要对系统传递函数进行重新标定。

（1）测量并验证黑体辐射实验包括普朗克黑体辐射定律、斯特藩-玻耳兹曼定律、维恩位移定律（基础内容）。

1）检查设备连线，确认正常后，开启溴钨灯可调电流稳压源和光栅单色仪电控箱电源，开启计算机，待设备预热 20min。

2）在计算机上打开 WHS-1 型黑体实验软件，进入实验内容选择界面，如图 1-7 所示。选择"验证黑体辐射定律"，出现是否先对设备复位提示；选择"是"，待设备复位完毕（若提示复位错误，尝试重新复位；若提示设备连接错误，检查电控箱电源是否打开、连接线是否接好，之后重新复位）。

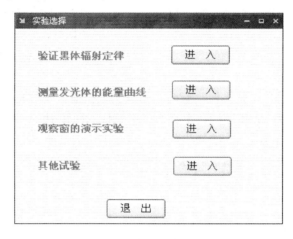

图 1-7　实验内容选择

3）进入软件主窗口，选择" ▦ 扫描"，提示需要将拨杆（位于光栅单色仪观察窗下方）置于出射狭缝 1，完成后点击"OK"确认，之后提示"是否对设备发射系数进行标定"，选择"否"，则弹出参数设置界面，如图 1-8 所示。

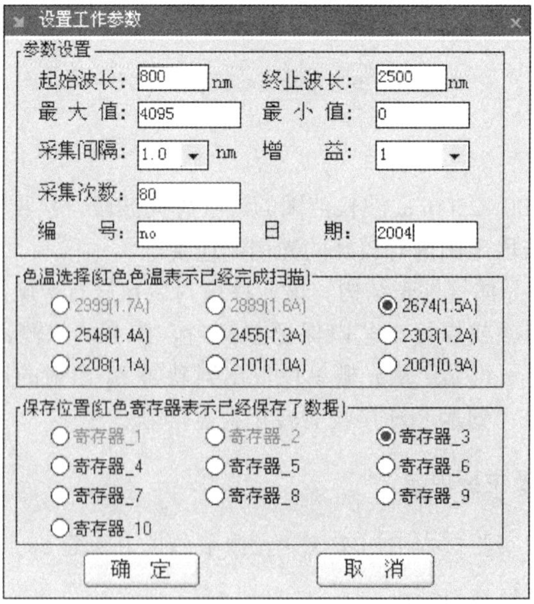

图 1-8　参数设置

图 1-8 中，"起始波长"和"终止波长"均需输入正整数，表示设备测量光谱范围。对于本实验的 WHS-1 型黑体实验装置，"起始波长"不小于 800，"终止波长"不大于 2500，且"起始波长"须小于"终止波长"。"最大值"和"最小值"表示下步测量窗口所显示的辐射出射度（纵坐标）范围。"最大值"（默认是 4095）和"最小值"（默认是 0）均是相对值，不是绝对值。"采集间隔"通过其右侧的下拉菜单选取（默认值是 1），该值与测量光谱分辨率相关，表示探测器每隔若干纳米记录一个辐射出射度数据。"采集间隔"越小则测量时间越长，相反则测量时间越短。"增益"通过其右侧的下拉菜单选取（默认是 1），选择大"增益"可以提高微弱光测量能力。"采集次数"指的是多次测量取平均值。理论上，"采集次数"越大则噪声抑制能力越强、信噪比越高、测量曲线越平滑，但测量时间越长。实际上，受限于光路系统、探测器性能等因素，"采集次数"设置为 80~100 即可，再增大对测量信噪比的影响不明显。

4）选择一个色温值，提示需要先调节溴钨灯工作电流，此时通过溴钨灯电源控制箱上的电流调节旋钮使电流显示值与所选色温值后括号里的电流相同；选择一个寄存器，待溴钨灯工作稳定（2~3min）；之后点击"确定"，弹出提示框，确认后点击"OK"，进入黑体曲线扫描窗口；点击"开始"进行测量，如图 1-9 所示（注意：若测量曲线存在很大起伏，则需要在该色温下对设备进行重新标定）。

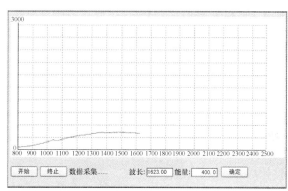

图 1-9 黑体辐射曲线测量窗口

5）测量完成后，点击"确定"返回主窗口。使用菜单栏"文件→保存"保存测量数据，然后回到 3），进行下一组不同色温的数据测量。

6）至少测量三组不同色温下的数据后，在软件主界面选择某个已存测量数据的寄存器，选择菜单栏"验证热辐射定律→普朗克辐射定律"，进入验证测量数据窗口。输入"采样波长"（单位是 nm），点击"确定"，在窗口右侧"采样点 1"区域即显示测量值与理论值的比较结果。可继续输入"采样波长"（最多 5 个），进行多组数据分析，完成普朗克黑体辐射定律的验证（若条件允许，可在数据分析完毕后，点击"打印"，把验证结果打印出来）。

7）在主窗口菜单栏，选择"验证热辐射定律→斯特藩-玻耳兹曼定律"，选中全部有数据的寄存器，并选中"把当前范围之外的部分使用理论值补充"，点击"确定"，软件弹出验证结果，如图 1-10 所示。完成斯特藩-玻耳兹曼定律的验证（若条件允许，可在数据分析完毕后，点击"打印"，把验证结果打印出来）。

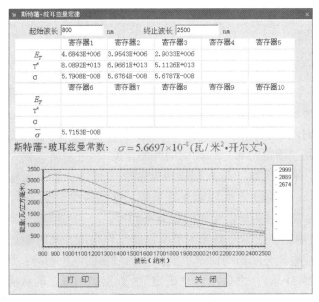

图 1-10   验证斯特藩-玻耳兹曼定律

任何探测器都只能响应特定波长范围的电磁辐射，因此不可能借助一种探测器实现黑体全波段辐射的测量。本实验设备的测量波长范围是 800～2500nm，所谓"把当前范围之外的部分使用理论值补充"，是指对于设备未进行测量的其他波长，使用普朗克黑体辐射公式计算而得的数据。

8）在主窗口菜单栏，选择"验证热辐射定律→维恩位移定律"，选中全部有数据的寄存器，点击"确定"，软件弹出验证结果，如图 1-11 所示。完成维恩位移定律的验证（若条件允许，可在数据分析完毕后，点击"打印"，把验证结果打印出来）。

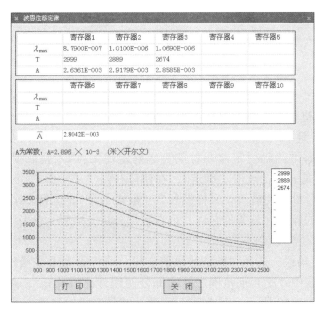

图 1-11   验证维恩位移定律

9）实验完毕，关闭 WHS-1 型黑体实验软件。若不进行其他实验内容，关闭溴钨灯可调电流稳压源和光栅单色仪电控箱电源，关闭计算机。

（2）观察光栅的高级（二级）衍射光谱(拓展内容)。

1）将拨杆（位于光栅单色仪观察窗下方）置于出射狭缝 2。

2）在图 1-7 所示界面选择"观察窗的演示实验"，弹出窗口如图 1-12 所示。

观察窗演示实验

光栅的二级光谱演示

	可见光谱(nm)	二级光谱(nm)	三级光谱(nm)
紫光	400–430	800–860	
兰光	430–450	860–900	1300–1400
青光	450–480	900–960	
绿光	480–510	980–1020	1400–1500
黄光	510–580	1020–1160	1500–1600
红光	580–780	1160–1300	1500–1960

操作

1. [波长复位]　[波长前进到800nm]

2. 波长检索范围 [＿＿] — [＿＿] nm [开始]

当前波长 [波长没有复位]

[返回]

图 1-12　光栅的高级（二级）衍射实验界面

3）依据图 1-12 所示表格内的二级光谱数据，在"波长检索范围"输入检索波长，即可在观察窗毛玻璃上观察到所填二级光谱范围对应的可见光颜色。例如输入 1100nm，在观察窗毛玻璃上显示为黄色的光谱，如图 1-13 所示。

图 1-13　光栅二级衍射实验现象

4）实验完毕，关闭 WHS-1 型黑体实验软件。若不进行其他实验内容，关闭溴钨灯可调电流稳压源和光栅单色仪电控箱电源，关闭计算机。

（3）测量发光体的辐射能量曲线（拓展内容）。

1）确保溴钨灯作为光源，并将拨杆（位于光栅单色仪观察窗下方）置于出射狭缝1。

2）在图1-7所示界面选择"测量发光体的能量曲线"，经实验内容（1）中3）所述过程，弹出提示"使用厂家提供的设备，将电流调至1.7A，预热20min后，点击确定进行传递函数扫描"。

3）依据窗口提示，将电流调至1.7A，预热20min后，点击"OK"，进入类似于图1-9的传递函数扫描界面，点击"开始"，待系统传递函数扫描完成。

4）传递函数扫描完毕后，弹出提示"请更换发光体"后，点击确定"进行发光体辐照度扫描"。此时，拆下溴钨灯，换装或摆放需要测量的发光体后，点击"OK"，进入发光体辐照度扫描界面，点击"开始"，进行发光体辐照度扫描。

5）扫描完毕后，点击"确定"。在主窗口，使用菜单栏"文件→保存"保存测量数据，点击"▣采样"可查看测量数据。

6）实验完毕，关闭WHS-1型黑体实验软件。若不进行其他实验内容，关闭溴钨灯可调电流稳压源和光栅单色仪电控箱电源，关闭计算机。

1.1.5　数据记录、处理与误差分析

（1）数据记录与处理：本实验的数据记录和处理均由软件完成。

（2）误差原因分析：

1）在设备正常工作状态（已标定）下，验证黑体辐射基本定律时的测量误差，主要来源于溴钨灯尚未达到稳定状态。因为一旦改变工作电流（色温），溴钨灯需要一定时间达到热平衡，因此，可在每次改变工作电流后，待溴钨灯稳定后（一般不超过20min）再进行测量。

2）发光体辐射能量曲线测量时的误差来源较复杂。由于设备测量得到一组数据所需时间较长，发光体的辐射特性在该段时间内是否改变影响较大。另外，发光体向外界的辐射空间分布是否均匀，发光体与入射狭缝 S_1 的距离及空间位置关系等，都是影响测量结果的因素。

1.1.6　实验操作拓展

（1）能否观察到光栅的更高级（大于二级）衍射现象，如何操作？

（2）借助本实验设备，提出测量某种物质光谱吸收（透射）特性的可行方案，并进行实验操作。

1.2　单光子计数实验

单光子计数技术是测量弱光信号的一种新技术。所谓弱光信号，是指其光流强度比光电倍增管自身的热噪声水平（10^{-14} W）还低，用一般方法（直流检测方法）已无法进行检测。单光子计数常需借助光电倍增管完成。根据光电效应原理，在弱光照射下，光电倍增管输出信号自然离散化。单光子计数技术正是利用光电倍增管的这个特点，采用精密的

脉冲幅度甄别技术和数字计数技术，可把淹没在背景噪声中的弱光信号提取出来。目前，一般光子计数器的探测灵敏度可优于 10^{-17} W。

1.2.1 实验目的、内容与要求

1.2.1.1 实验目的

了解爱因斯坦的"光量子"假说和光电效应的基本规律，掌握光电倍增管和甄别器的工作原理及使用方法。

1.2.1.2 实验内容与要求

（1）测量并确定电平甄别器的最佳阈值电压以及光电倍增管的最佳工作电压，并在最佳阈值电压和工作电压下测量光计数率随入射光功率的变化（基础内容）。

（2）测量暗计数率、光计数率随光电倍增管工作温度的变化（拓展内容）。

（3）实验研究测量时间间隔对接收信噪比 SNR 的影响（拓展内容）。

1.2.2 简要原理

1.2.2.1 爱因斯坦的"光量子"假说

爱因斯坦假设一束光是以光速运动着的粒子流，每个粒子可称为光量子（光子）。设每个光量子的能量为 E，动量为 P，则

$$E = h\nu = h\frac{c}{\lambda}$$

$$P = \frac{E}{c} = \frac{h}{\lambda}$$

$$(1\text{-}8)$$

式中　h ——普朗克常数；

　　　c ——光速；

　　　ν ——光的频率；

　　　λ ——光的波长。

一束光的频率越大（波长越小），光子的能量越大。一束光频率（波长）确定，光强越强，则其中所包含的光子数量越多，反之则其中所包含的光子数量越少。

1.2.2.2 光电效应的基本规律

根据能量守恒定律，金属中的电子吸收光子的能量而逃逸出金属表面，这个过程满足爱因斯坦方程

$$h\nu = \frac{1}{2}m_e v_0^2 + \varphi$$

$$(1\text{-}9)$$

式中　m_e ——电子质量；

　　　φ ——逸出功；

　　　v_0 ——刚逃逸出金属表面的电子的速度。

根据式（1-9），光电效应的基本规律为：

（1）光电子从光阴极表面逸出时的最大初动能与照射光的频率有线性关系，而与照射光的强度无关。

（2）每种光阴极各自存在一个足以产生光电子发射的最低频率（红限）。当照射光的频率小于该值时，不会逸出光电子；当照射光的频率大于该值时，即使光强很微弱，都会立刻发射光电子，不存在时间滞后。

（3）当一定频率的光照射光阴极激发出光电子时，只要阴极与阳极之间有足够的加速电压，光电流正比于光强。

1.2.3　实验设备介绍

实验设备为 WSZ-5A 型单光子计数实验装置，它主要由单光子计数系统、光路系统、半导体制冷器等部分组成，如图 1-14 所示。

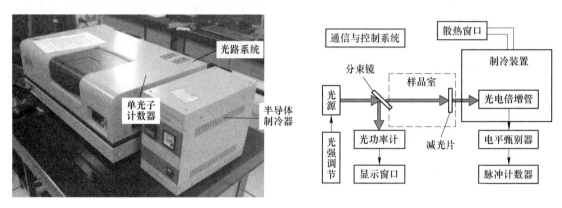

图 1-14　WSZ-5A 型单光子计数实验装置

1.2.3.1　单光子计数系统

单光子计数系统主要由光电倍增管（PMT）、放大器、鉴别器（也叫作甄别器）、脉冲计数器等组成，其工作原理如图 1-15 所示。光子被光电倍增管的光阴极吸收，激发出光电子，经若干倍增极后光电子数量增大 $10^5 \sim 10^8$。通过负载电阻和放大器后，输出半宽为几毫微秒到几十毫微秒的脉冲电流或电压信号，再经过甄别器后进入计数器进行脉冲计数。

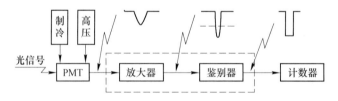

图 1-15　单光子计数系统工作原理示意图

A　光电倍增管

光电倍增管的典型结构如图 1-16 所示，图中标注有数字 1~10 的是倍增极。若单个光子入射到光阴极并激发出一个光电子，在加速电压作用下，该光电子将飞向倍增极 1 并打出若干个次级电子。这些次级电子继续受到加速电压的作用，飞向倍增极 2。如此下去，最后到达阳极的总电子数将大大增加。

当探测弱光时，光电倍增管的输出信号特征与入射光强有关，如图 1-17 所示。当入射

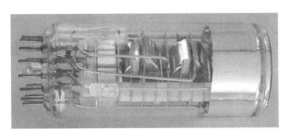

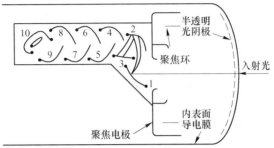

图 1-16 光电倍增管典型结构示意图

光强约为 10^{-13} W 时，光电倍增管输出的是叠加有闪烁噪声的直流电平信号，如图 1-17（a）所示；当入射光强约为 10^{-14} W 时，直流电平减小，输出脉冲重叠减少，如图 1-17（b）所示；当入射光强减弱到约 10^{-15} W 时，输出脉冲重叠非常少，如图 1-17（c）所示；当入射光强进一步减弱至约 10^{-16} W 时，输出脉冲几乎无重叠，直流电平接近于零，如图 1-17（d）所示。由此可见，当入射光很弱（约 10^{-16} W）时，即使持续照射，光电倍增管输出的却是分立的脉冲信号，这些脉冲的平均计数率与单位时间内入射的光子数量成正比。

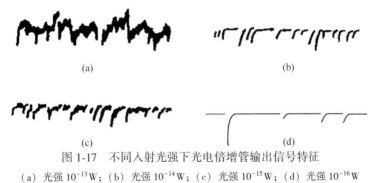

图 1-17 不同入射光强下光电倍增管输出信号特征

（a）光强 10^{-13} W；（b）光强 10^{-14} W；（c）光强 10^{-15} W；（d）光强 10^{-16} W

光电倍增管的性能对于单光子计数器至关重要。一般地，光电倍增管要暗电流小、响应速度快、光阴极稳定性高（热发射率低）。除此之外，为进一步提高单光子计数器的信噪比，还需采取其他措施。例如，在光电倍增管金屑外壳内表面衬以合金进行电磁噪声屏蔽，采用图 1-18 所示的负高压供电和阳极电路（外壳和光阴极接地）等。

B　放大器

放大器的作用是对光电倍增管输出的脉冲信号进行线性放大。一般地，光电倍增管输出脉冲的上升时间不大于 3ns。因此，通常要求放大器热噪声低，线性动态范围宽，并且带宽达到 100MHz。经过放大器放大后的脉冲信号，要便于甄别器鉴别。

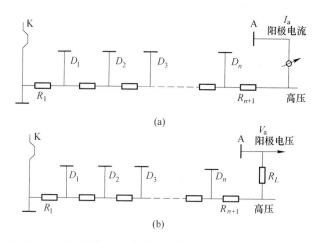

图 1-18　光电倍增管的负高压供电（a）及阳极电路（b）

C　甄别器

甄别器的主要作用是根据幅度大小剔除噪声脉冲，把淹没在噪声中的光脉冲信号筛选出来，以便进行光子计数。甄别器设有一个连续可调的比较电平。被放大器放大后的脉冲信号（包含噪声脉冲信号和光脉冲信号），经甄别器鉴别后，可极大抑制噪声脉冲，如图 1-19 所示。

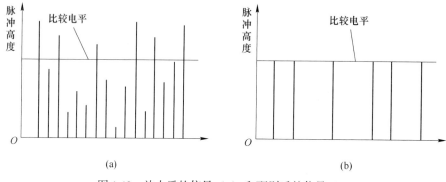

图 1-19　放大后的信号（a）和甄别后的信号（b）

甄别器可以设一个或两个比较电平。当采用单电平甄别时，只能得到脉冲幅度大于或等于该电平的脉冲总计数率，即积分曲线，如图 1-20 所示。积分曲线斜率最小处所对应的电压值，就是最佳甄别电平。在高于最佳甄别电平的曲线斜率最大处的电平对应单光电子峰。当采用双电平甄别时可得到微分曲线，两个甄别电平之间的差值称为道宽。

1. 2. 3. 2　光路系统

光路系统示意图如图 1-21 所示。

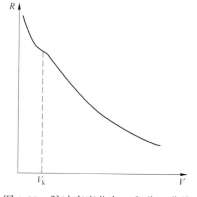

图 1-20　脉冲高度分布（积分）曲线

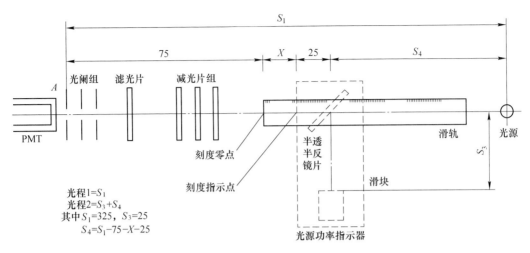

图 1-21 光路系统示意图

A 探测器

采用 CR110 型光电倍增管作为探测器。如果打开制冷装置（最低制冷温度可达 −25℃），光电倍增管的工作温度降低，可以使暗计数降低一个数量级。

B 光源

用亮度高的绿光 LED 作为光源，借助电路控制工作电压，实现可变功率的入射光。加装干涉滤光片（光电倍增管口处），以提高入射光的单色性。

C 光路

光阑筒由三片光阑组成，可降低杂散光和背景计数的影响。筒的另一端加工有螺纹接口，用于安装减光片组以及干涉滤光片。本实验系统配备了三个减光片和一个干涉滤光片（具体参数标示在元件外壳上），实验时可以根据需要放置减光片。

采用光功率指示器测量得到入射光的功率 P_i，则实验中光电倍增管实际接收到的光功率 P_0 为

$$P_0 = A(T_1 \cdot T_2 \cdots) \alpha K \left(\frac{\Omega_1}{\Omega_2}\right) P_i \tag{1-10}$$

式中　A ——干涉滤光片透过系数（10%）；

　　　T_i ——减光片的透过率；

　　　α ——光路中所有玻璃元件的总反射衰减（一般光学元件的反射率为2%）；

　　　K ——$K = 50\%$；

　　　Ω_1 ——功率指示计接收面积相对于光源中心所张开的立体角；

　　　Ω_2 ——光电倍增管的光阑面积相对于光源中心所张开的立体角。

Ω_1 和 Ω_2 满足如下关系

$$\frac{\Omega_1}{\Omega_2} = \frac{\pi r_1^2}{S_1^2} \cdot \frac{S_2^2}{\pi r_2^2} \tag{1-11}$$

其中，$r_1 = r_2 = 0.5\text{mm}$，$S_1 = 325\text{mm}$，$r_1 = 0.5\text{mm}$，$S_2 = (250 - X)\text{mm}$。由公式计算出的入

射到光电倍增管上的光功率 P_0 就是实验中所射入光电倍增管上的入射光功率。

1.2.3.3　半导体制冷器

半导体制冷器及温度控制面板如图 1-22 所示。在温度控制面板内，按下"set"键进入温度设定状态，左右方向键可以调节当前温度控制按键到合适的位置，再按一次"set"键回到温度监测状态，等待一段时间后便可以冷却到相应的温度。

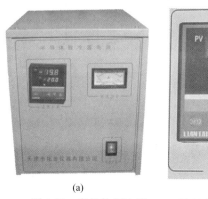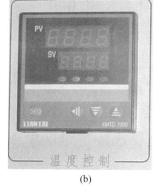

(a)　　　　　　　　　　　　　(b)

图 1-22　半导体制冷器（a）及温度控制面板（b）

制冷器采用半导体温差制冷器件作为冷源，配有专供制冷器件的专业整流电源，不需要冰、氟利昂、氨等制冷剂。制冷器接通直流电后通过能量转换来达到制冷的目的。整流源为单相滤波整流和专用温控电路，并配有智能化温度控制显示仪表，既能显示又能控制温度，并自动将温度控制在所设定的温度点上。其工作原理如图 1-23 所示。制冷器温控范围为室温～−25℃。温度控制仪表设定制冷温度下限以及监测当前冷阱温度。

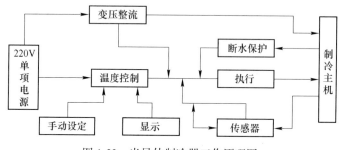

图 1-23　半导体制冷器工作原理图

1.2.3.4　影响光子计数系统的信噪比（*SNR*）的主要因素

A　光子流的统计性

相邻光子到达光阴极之间的时间间隔是随机的，其统计结果服从泊松分布。因此，探测到一个光子后的时间间隔 t 内，再探测到 n 个光子的概率 $p(n, t)$ 为

$$p(n, t) = \frac{\overline{N}^n \mathrm{e}^{-\overline{N}}}{n!} \tag{1-12}$$

由于光子的统计特性，测量到的信号计数的均方根偏差 σ 为

$$\sigma = \sqrt{\overline{N}} = \sqrt{\eta R t} \tag{1-13}$$

这种不确定性称为统计噪声。统计噪声使得测量信号的固有信噪比 SNR 为

$$SNR = \frac{\overline{N}}{\sqrt{\overline{N}}} = \sqrt{\overline{N}} = \sqrt{\eta Rt} \qquad (1\text{-}14)$$

式中　η ——PMT 的量子效率；

　　R ——单位时间内的光子流量，$\overline{N} = \eta Rt$ 是 t 时间内光阴极发射光电子的平均数。

很显然，固有信噪比正比于测量时间间隔的平方根。

B　背景计数

背景计数包括暗计数和杂散光子计数，其中暗计数是指由于光阴极和各倍增极发射的热电子形成的计数。选用小面积光阴极、降低工作温度以及选择适当的甄别电平，可极大地减小暗计数率 R_d，但对于极微弱光，仍是一个不可忽略的噪声源。

如果 PMT 的第一倍增极的增益很高，且各倍增极及放大器的噪声已被甄别器去除，则上述暗计数使信号中的噪声成分变为 $\sqrt{\eta Rt + R_d t}$。此时，信噪比降低为

$$SNR = \frac{\eta Rt}{\sqrt{\eta Rt + R_d t}} \qquad (1\text{-}15)$$

如果背景计数在光信号累积计数中保持不变，可很容易地从实际计数中扣除。

C　累积信噪比

在两个相同的时间间隔内分别测量背景计数 N_d、信号以及背景的总计数 N_t，则信号计数 N_p 为

$$N_p = N_t - N_d = \eta Rt \qquad (1\text{-}16)$$

由于 $N_d = R_d t$，按照误差理论，测量结果的信号计数中的总噪声应为

$$\sqrt{N_t + N_d} = \sqrt{\eta Rt + 2R_d t} \qquad (1\text{-}17)$$

所以测量结果的信噪比

$$SNR = \frac{N_p}{\sqrt{N_t + N_d}} = \frac{\eta R}{\sqrt{\eta R + 2R_d}}\sqrt{t} \qquad (1\text{-}18)$$

若信号计数远小于 N_d，可能使 $SNR<1$，测量结果毫无意义，故称 $SNR = 1$ 时对应的接收信号功率 P_{min} 为光子计数器的探测灵敏度。

由以上分析可知，光子计数器测量结果的信噪比 SNR 与测量时间间隔的平方根 $\sqrt{t}$ 成正比。在弱光测量中，可通过增加测量时间获得高信噪比。

D　脉冲堆积效应

光子计数器的分辨时间（区分相继发生的两事件的最短时间间隔）是最重要的性能之一，取决于 PMT 的分辨时间和电子学系统（主要是甄别器）的死时间 t_d。假定 PMT 量子效率为 1，当 t_R 内相继有两个或两个以上光子入射到光阴极上时，由于它们的时间间隔小于 t_R，只能输出一个脉冲，这导致单位时间内光电子脉冲计数率比入射到光阴极上的光子数少。类似地，在死时间 t_d 内输入脉冲到放大甄别系统，输出计数率也要损失，上述现象统称为脉冲堆积效应。

脉冲堆积效应造成的输出脉冲计数率误差可以这样估算。对于 PMT，设入射光子流量为 R，则 t_R 内无光电子发射的概率为

$$p(0, t_R) = \exp(-R_i t_R) = \exp(-\eta R t_R) \qquad (1-19)$$

其中 $R_i = \eta R$ 是入射光子单位时间内使光阴极发射光电子数。由于在 t_R 内有光子入射的概率为 $1 - \exp(-R_i t_R)$，则由于脉冲堆积效应，单位时间输出的光电子脉冲数为

$$R_0 = R_i p(0, t_R) = \eta R \exp(-\eta R t_R) \qquad (1-20)$$

由图 1-24 可知，R_0 随 R 增大而增大，当 $R_i t_R = 1$ 时 R_0 达最大值，之后 R_0 随 R 的增加而逐渐下降至零。当入射光强增至一定数值时，PMT 的输出已不再呈离散状态，只能用直流的方法来检测光信号。

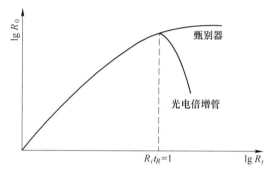

图 1-24　PMT 和甄别器的输出计数率 R_0 与输入计数率 R_i 的关系

PMT 因分辨时间 t_R 造成的计数误差可表示为

$$\varepsilon_{\text{PMT}} = \frac{R_i - R_0}{R_i} = 1 - \exp(-R_i t_R) = 1 - \exp(-\eta R t_R) \qquad (1-21)$$

对于甄别器，其死时间 t_d 是一常数。在测量时间内，输入甄别器的总脉冲数为 $R_i t_R$，从甄别器输出的脉冲数为 $R_0 t$，则在测量时间内甄别器不能接受脉冲的总"死"时间为 $R_0 t t_d$，总的"活"时间为 $t - R_0 t t_d$。故

$$R_0 t = R_i (t - R_0 t t_d) \qquad (1-22)$$

由于甄别器的"死"时间 t_d 造成的脉冲堆积，使输出脉冲计数率下降为

$$R_0 = \frac{R}{1 + R_i t_d} \qquad (1-23)$$

由图 1-24 可见，当 $R_i t_d \geqslant 1$ 时，R_0 趋向饱和。由于甄别器的"死"时间 t_d 而造成的相对误差

$$\varepsilon_{\text{DLS}} = \frac{R_i - R_0}{R_i} = 1 - \frac{1}{1 - R_i t_d} = \frac{R_i t}{1 + R_i t_d} \qquad (1-24)$$

当计数率较低时，有 $R_i t_R \ll 1$、$R_i t_d \ll 1$，则 $\varepsilon_{\text{PMT}} \approx R_i t_R$、$\varepsilon_{\text{DLS}} \approx R_i t_d$。

当甄别器的"死"时间与 PMT 的分辨时间相当时，PMT 引起的计数误差占主导地位，因为它限制了对甄别器的最大输入脉冲数。因此，实际测量时甄别器的"死"时间并非越短越好。如果选择"死"时间很短以致在 PMT 输出仍处在脉冲堆积状态时，甄别器已处于可触发状态，易于被噪声触发而产生假计数，从而又引入了新的误差。当计数率低又使用快速 PMT 时，脉冲堆积效应引起的误差主要取决于甄别器。一般认为，计数误差小于 1% 的工作状态称为单光子计数状态，处在这种状态下的系统就称为单光子计数系统。

1.2.4　实验操作规程及主要现象

（1）测量并确定电平甄别器的最佳阈值电压以及光电倍增管的最佳工作电压，并在

最佳阈值电压和工作电压下测量光计数率随入射光功率的变化（基础内容）。

1）检查仪器连线，确认 WSZ-5A 型单光子计数实验装置左侧的红色电源开关、绿色制冷开关、半导体制冷器的电源开关均处于关闭状态。

2）开启计算机，开启 WSZ-5A 型单光子计数实验装置左侧的红色电源开关、绿色制冷开关（注意：此时不打开半导体制冷器的电源开关）。调节系统前面板功率调节旋钮，使功率显示为 0，如图 1-25 所示。

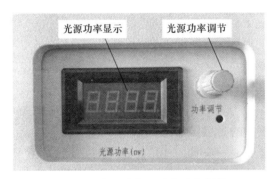

图 1-25　光源功率显示和功率调节

3）打开计算机桌面上的"WSZ-5A 型单光子计数实验系统"软件，进入软件主界面（见图 1-26）。确认界面右下侧状态栏为绿色圆点，并且显示"已复位"。

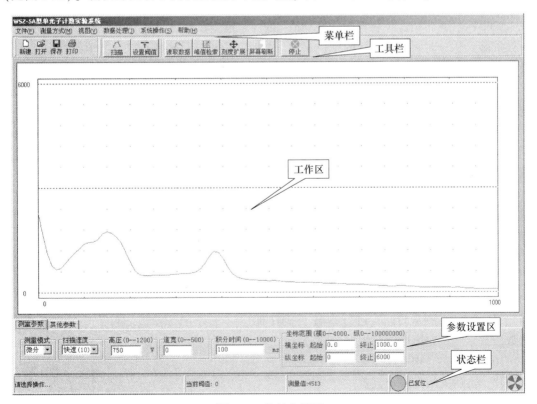

图 1-26　软件主界面

4）打开实验装置光路仓的上盖，在光阑筒上依次安装小孔光阑、闭光盖，如图 1-27 所示。之后关闭光路仓（注意：不可强光照射 PMT，不要长时间敞开光路仓，勿用手直接接触衰减片光学表面）。

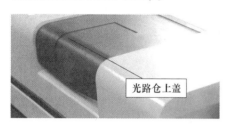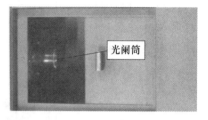

光路仓上盖

小孔光阑、闭光盖、衰减片等

光阑筒

图 1-27　光路仓、光阑筒及附件

5）在软件工具栏点击"设置阈值"，在弹出的输入框中输入 0，点击"确定"。

6）在软件主界面下方的参数设置区，点击"测量参数"标签，做如下设置：测量模式——积分，扫描速度——快速（10），高压——850，道宽——0，积分时间——1000，横坐标起始——0.0，横坐标终止——1000.0，纵坐标起始——0，纵坐标终止——1000000。

需要说明的是，测量模式分为积分模式和微分模式两种，积分扫描方式得出的是计数值和甄别电平的关系曲线，微分扫描方式得出的是光子脉冲幅度的分布情况。扫描速度也就是仪器的扫描间隔，有快速、中速、慢速、很慢四档。高压控制 PMT 的高压电源（0~1200V），正常情况下仪器工作在 700~850V。道宽在微分模式下可设置，在积分模式下被屏蔽。积分时间控制仪器的单位累加计数时间，积分时间越长，计数值越稳定，但是计数值也随之越高。坐标范围控制工作区 X 轴及 Y 轴坐标范围。

另外，需要测量得到积分曲线，应选择积分模式；需要测量微分曲线，应选择微分模式，并且道宽设置在 10 以下。

7）在软件工具栏点击"扫描"，开始测量 PMT 的输出脉冲幅度积分曲线。测量完毕后，保存数据（如需把数据拷贝入 Excel 中，点击菜单栏"数据处理→读取数据→数据列表"，在数据列表中鼠标右键"复制全部"，然后拷贝入 Excel）。

8）根据 PMT 的输出脉冲幅度积分曲线测量结果，确定进行单光子计数测量时的阈值，确定方法如图 1-28 所示（假设该阈值等于 VT）。

9）点击工具栏"设置阈值"，在弹出窗口内键入 VT 值，点击菜单"测量方式→时间扫描"，输入 2min 测量时间，进行室温下 PMT 暗计数测量。测量完毕后保存数据。

10）在光路仓中把闭光盖换为 1% 透过率的衰减片，之后关闭光路仓上盖。

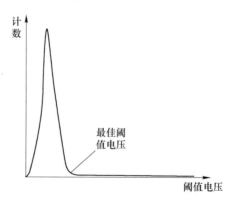

计数

最佳阈值电压

阈值电压

图 1-28　确定最佳阈值电压

11）点击菜单"测量方式→时间扫描"，输入较长测量时间（例如 20min），一边观察 PMT 计数率一边调节光源功率旋钮，使 PMT

计数率达到 1000000 个/s 左右，记下此时光源功率（假设功率值为 P_m）。若达不到 1000000 个/s 左右的计数，可把1%透过率的衰减片换为10%透过率的衰减片，重新调节。调节完毕，点击工具栏上的"停止"。

12）点击菜单栏"测量方式→高压扫描"，输入高压范围 600~1000V。当前阈值键入 VT，进行高压扫描测量，测量完毕后保存数据。

13）根据保存的测量数据，分析确定 PMT 最佳工作电压（最佳 SNR 所对应的工作电压，假设该值为 VP），如图 1-29 所示。

14）点击工具栏"设置阈值"，在弹出窗口内键入 VT 值；在参数设置区"测量参数"标签下，设置高压为 VP 值，其他参数取值同 6)；点击菜单"测量方式→时间扫描"，输入1min 测量时间，进行 PMT 光计数扫描测量，完毕后保存数据。把光源功率分别调到 $0.9P_m$，$0.8P_m$，…，$0.1P_m$，在每种光功率下得到光计数率随入射光功率变化的测量结果。

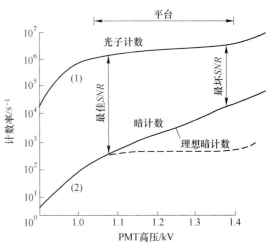

图 1-29　确定最佳工作电压

15）实验完毕，先把光源功率调到 0，再取出小孔光阑、衰减片、闭光盖，关闭光路仓，关闭 WSZ-5A 型单光子计数实验装置左侧的红色电源开关、绿色制冷开关，关闭计算机（若继续进行其他实验内容，无须此步操作）。

（2）测量暗计数率、光计数率随光电倍增管工作温度的变化（拓展内容）。

把单光子计数实验装置的测量方式设定为积分模式，积分时间为1s，调节入射光功率为 10^{-12} W。打开半导体制冷器电源开关，设定制冷温度为-20℃后开始制冷（见图 1-30）。记录温度指示读数 T，与其相应的暗计数和加光信号时的光计数率，直至 T 趋于稳定。描绘暗计数率、光计数率随光电倍增管工作温度的变化曲线。

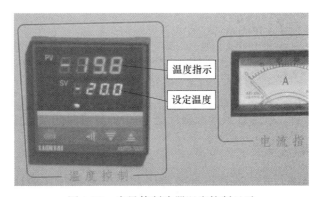

图 1-30　半导体制冷器温度控制显示

（3）实验研究测量时间间隔对接收信噪比 SNR 的影响（拓展内容）。

把单光子计数实验装置的测量方式设定为积分模式，设置入射光功率不大于 1nW，阈值取上面实验所得出的 VT 值，测量方式选择时间扫描，输入不同的测量时间（0.1～600s，至少 5 种），分别进入 PMT 的暗计数和光计数测量。描绘测量时间与接收信噪比 SNR 的关系曲线。

1.2.5　数据记录、处理与误差分析

（1）本实验中，基本的数据记录（如阈值扫描数据、高压扫描数据、光子计数率等）由软件完成，其他数据记录与处理简要示例如下：

1）工作温度 T 与 PMT 的暗计数率 R_d 的关系如图 1-31 所示。由实验数据可知，暗计数随着工作温度的降低而逐渐减小，这是因为温度降低时热电子发射被抑制。

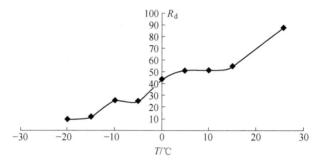

图 1-31　工作温度与 PMT 暗计数率关系曲线

2）测量时间与信噪比的关系如图 1-32 所示。对测量数据进行拟合，可知信噪比与测量时间的 0.5003 次方成正比，与理论公式基本相符。

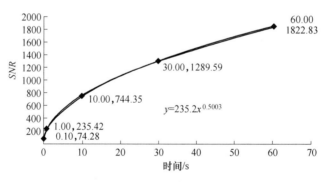

图 1-32　测量时间与信噪比关系曲线

（2）误差原因分析：脉冲计数的准确性受 PMT 的分辨时间及甄别器的死时间影响。

1.2.6　实验操作拓展

（1）采用微分扫描方式，测量得到噪声峰和光子峰都存在的计数曲线，如图 1-33 所示。

（2）设计并测量接收信噪比 SNR 与接收光功率的关系，确定最小可检测功率（即探测灵敏度）。

（3）测量光电倍增管的平台区。把单光子计数实验装置的测量方式设定为积分模式，

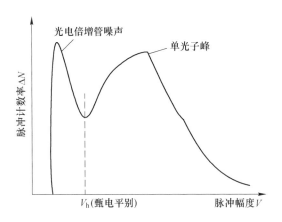

图 1-33 噪声峰和光子峰都存在

调节入射光功率为 $0.05\mu W$。设定积分时间为 1s、高压取值为 0V 下，甄别电压设置在噪声脉冲和光子脉冲幅度分布的中间位置。逐渐增加高压（最好不要超过 1000V），测量出计数值与 PMT 高压的关系曲线，找出 PMT 的平台区。

1.3 弗兰克-赫兹实验

1914 年弗兰克（J. Frank）和赫兹（G. Hertz）在研究气体放电现象中低能电子与原子间相互作用时，用电子碰撞原子的方法，在充汞放电管中，发现透过汞蒸气的电子流大小随电子能量显现有规律的周期性变化，能量间隔为 4.9eV。同年，他们使用石英制作的充汞管，拍摄到与能量 4.9eV 相应的光谱线 253.7nm 的发射光谱，此即为著名的弗兰克-赫兹（F-H）实验。

弗兰克-赫兹实验中观察测量到了汞原子的激发电位和电离电位，从而证明了原子能级的存在。1920 年，弗兰克及其合作者对原先的装置做了改进，测得了亚稳能级和较高的激发能级，进一步证实了原子内部能量是量子化的。该实验结果为玻尔在 1913 年发表的原子结构理论的假说提供了有力的实验证据，为此他们分享了 1925 年的诺贝尔物理学奖。弗兰克-赫兹实验至今仍是探索原子结构的重要手段之一，实验中用的"拒斥电压"筛去小能量电子的方法，已成为一类广泛应用的技术。

1.3.1 实验目的、内容与要求

1.3.1.1 实验目的

通过对弗兰克-赫兹管 $I_P\text{-}V_{G_2}$ 曲线的测量，证实原子存在分立的能级，加深对玻尔氢原子结构理论的理解，并掌握一种测量原子第一激发电位（第一激发能）的方法。

1.3.1.2 实验内容与要求

（1）熟悉实验装置并了解各控制部件的作用，测量弗兰克-赫兹管 $I_P\text{-}V_{G_2}$ 曲线，得到氩（Ar）原子的第一激发电位，证实原子存在分立的能级，加深对玻尔原子理论的理解（基础内容）。

（2）分析并测试研究 V_{G_1} 的大小对 I_P-V_{G_2} 曲线的影响（拓展内容）。

1.3.2　简要原理

根据玻尔理论，原子只能较长久地停留在一些稳定状态（即定态），其中每一状态对应于一定的能量值，各定态的能量是分立的，原子只能吸收或辐射相当于两定态间能量差的能量。如果处于基态的原子要发生状态改变，它所具备的能量不能少于原子从基态跃迁到第一激发态时所需的能量。

为实现原子从低能级 E_n 向高能级 E_m 的跃迁，可以通过吸收一定频率 ν 的光子来实现，这时有

$$h\nu = E_m - E_n \tag{1-25}$$

也可以通过与具有一定能量的电子碰撞来实现。若与之碰撞的电子是在电势差 U 的加速下，速度从零增加到 v，并将全部能量交换给原子，则应有

$$eU = \frac{1}{2}mv^2 = E_m - E_n \tag{1-26}$$

在这两种情况下，由于原子能级的存在，E_m-E_n 具有确定的值，因此所吸收的光子或电子的能量也应该具有确定的大小。当原子吸收电子能量从基态跃迁到第一激发态时，相应的 U 称为原子的第一激发电位，因此，第一激发电位 U 和电子电量的乘积就对应第一激发态与基态的能量差。

对于汞原子，当其从外部吸收电子的能量，从基态 6^1s_0 跃迁到第一激发态 6^3p_1 时，相应的电子加速电压 $U = 4.9\text{V}$，即汞原子的第一激发电位为 4.9V，由于汞原子在激发态 6^3p_1 的平均滞留时间很短，数量级为 $10^{-8} \sim 10^{-7}\text{s}$，因而跃迁到 6^3p_1 的原子将很快通过自发辐射跃迁到基态，辐射出一定能量的光子。

电子与汞原子的碰撞过程可以用以下方程表示：

$$\frac{1}{2}m_e v^2 + \frac{1}{2}MV^2 = \frac{1}{2}m_e v'^2 + \frac{1}{2}MV'^2 + \Delta E \tag{1-27}$$

式中　m_e——电子质量；

　　　M——原子质量；

　　　v——电子的碰撞前的速度；

　　　V——原子的碰撞前的速度；

　　　v'——电子的碰撞后速度；

　　　V'——原子的碰撞后速度；

　　　ΔE——内能项。

因为 $m_e \ll M$，所以电子的动能可以转变为原子的内能。因为原子的内能是不连续的，所以电子的动能小于原子的第一激发能时，原子与电子发生弹性碰撞 $\Delta E = 0$；当电子的动能大于原子的第一激发能时，电子的动能转化为原子的内能 $\Delta E = E_1$，E_1 为原子的第一激发能。

弗兰克-赫兹实验采用加速电子碰撞原子的方法，在充汞的放电管中观察测量原子对于加速电子的吸收情况。随着电子能量的增加，透过汞蒸气的电子流显现有规律的周期性变化，能量间隔为 4.9eV，由此得出汞原子的第一激发电位，验证原子能级的不连续性。

1.3.3 实验设备介绍

1.3.3.1 弗兰克-赫兹管工作原理

实验中原子与电子碰撞是在弗兰克-赫兹管（F-H管）内进行的，通过具有一定能量的电子与原子碰撞，进行能量交换而实现原子从基态到高能态的跃迁。常见的充汞弗兰克-赫兹管是四极管，其结构如图1-34所示，包括灯丝F附近的氧化物阴极K，两个栅极G_1、G_2和板极P。

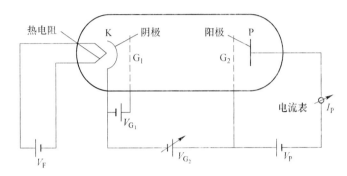

图1-34　弗兰克-赫兹管原理图

第一栅极G_1靠近阴极K，并加有一个小的正电压V_{G_1}，其目的在于控制管内电子流的大小以抵消阴极附近电子云形成的负电位的影响。第二栅极G_2靠近板极P期间加一减速电压，使得电子与原子发生非弹性碰撞后损失了能量的部分电子不能到达板极。G_1和G_2之间距离较大，以保证电子与气体原子有足够高的碰撞概率。灯丝F加热阴极K，由K发出大量电子，这些电子经G_2、K间电压V_{G_2}的加速而获得能量。它们在G_2、K空间与汞原子碰撞，把部分或全部能量传递给汞原子。在G_2、P间经减速电压V_P减速达到板极P，检流计指示出电流的大小，即反映到达板极P的电子的数目。F-H管中的电位分布如图1-35所示。

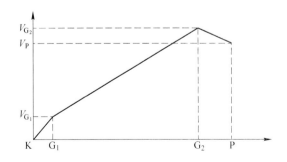

图1-35　弗兰克-赫兹管电位分布图

电子由阴极发出，经电场V_{G_2}加速趋向阳极，只要电子能量达到能克服V_P减速电场就能穿过栅极G_2到达板极P形成电流I_P，由于管中充有气体原子，电子前进的途中要与原子发生碰撞。如果电子能量小于第一激发能eV_1，它们之间的碰撞是弹性的，根据弹性碰撞前后系统动量和动能守恒原理不难推得电子损失的能量极小，电子能如期的到达阳极。

如果电子能量达到或超过 eV_1，电子与原子将发生非弹性碰撞，电子把能量 eV_1 传给气体原子，要是非弹性碰撞发生在 G_2 附近，损失了能量的电子将无法克服减速电压 V_P 到达极板。这样，从阴极发出的电子随着 V_{G_2} 从零开始增加，极板上将有电流出现并增加。如果加速到 G_2 栅极的电子获得等于或大于 eV_1 的能量，将出现非弹性碰撞而出现 I_P 的第一次下降，随着 V_{G_2} 的增加，电子与原子发生非弹性碰撞的区域向阴极移动，经碰撞损失能量的电子在趋向阳极的途中又得到加速，又开始有足够的能量克服 V_P 减速电压而到达阳极 P，I_P 随着 V_{G_2} 增加又开始增加。

如果 V_{G_2} 的增加使那些经历过非弹性碰撞的电子能量又达到 eV_1，则电子又将与原子发生非弹性碰撞造成 I_P 的又一次下降。在 V_{G_2} 较高的情况下，电子在趋向阳极的途中会与电子发生多次非弹性碰撞。每当 V_{G_2} 造成的最后一次非弹性碰撞区落在 G_2 栅极附近就会使 $I_P \sim V_{G_2}$ 曲线出现下降，I_P 随 V_{G_2} 变大出现如此反复下跌将出现如图 1-36 所示的曲线。

以充汞蒸气的 F-H 管为例，具体说明 I_P 随 V_{G_2} 的变化：

（1）当 $V_{G_2} < 4.9\text{V}$ 时，电子在 G_2、K 空间获得的能量小于 4.9eV。电子与汞原子的碰撞是弹性的，由于电子的质量远小于原子的质量，因此电子几乎没有能量损失。随 V_{G_2} 上升，电子在其中获得的能量将逐渐增加。

（2）当 $V_{G_2} = 4.9\text{V}$ 时，电子在 G_2 附近将获得 4.9eV 的能量，这些电子将引起汞原子的共振吸收，电子把能量全部传递给汞原子，自身速度几乎降为零，而汞原子则实现了从基态向第一激发态的跃迁。由于减速电压 V_P 的作用，失去了能量的电子将不能到达板极，板极电流 I_P 陡然下降。

（3）当 $4.9\text{V} < V_{G_2} < 2 \times 4.9\text{V}$ 时，电子在 G_2、K 空间积蓄的能量一旦达到 4.9eV，将与汞原子发生一次非弹性碰撞而损失其能量，之后继续在电场中加速，但到达 G_2 前重新获得的能量小于 4.9eV，电子将几乎不损失动能而到达 G_2，从而能克服 V_P 的阻力到达板极，表现为板极电流 I_P 又一次上升。

（4）当 $V_{G_2} = 2 \times 4.9\text{V}$ 时，电子将在 G_2、K 间与汞原子进行两次非弹性碰撞而失去全部能量，板极电流再一次下降。显然，每当 $V_{G_2} = n \times 4.9\text{V}(n = 1,2,\cdots)$ 时，都伴随着板极电流的一次突变，出现一次吸收峰值，峰间距为 4.9V，连续改变 V_{G_2}，测出 V_{G_2} 与板极电流的关系曲线（见图 1-36），即可求得汞的第一激发电位，这种关系曲线有力地证明了玻尔理论的能级分立性。

容易证明，V_{G_2} 一定时，电子达到板极时的能量与在 G_2、K 空间和汞原子遭遇碰撞的地点无关。不难预料，当管内汞原子密度较大时（如汞蒸气压为 $4 \times 10^3 \text{Pa}$），

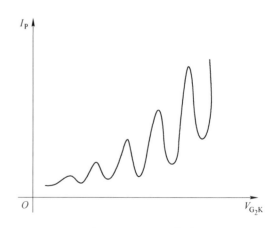

图 1-36　$I_P \sim V_{G_2K}$ 曲线

电子积蓄的能量每达到 4.9eV，将会与汞原子发生一次非弹性碰撞而失去能量。

1.3.3.2 弗兰克-赫兹实验仪构造

弗兰克-赫兹实验仪的设备面板如图 1-37 所示。弗兰克-赫兹实验值 I_P 和 V_{G_2} 除分别用三位半数字表显示外，另设端口提供示波器、X-Y 记录仪及计算机记录或者显示 $I_P \sim V_{G_2}$ 曲线的各种信息。扫描电源提供可调直流电压或输出锯齿波电压作为 F-H 管的电子加速电压。直流电压供手动测量，锯齿波电压供示波器显示，或 X-Y 记录仪和计算机使用。微电流放大器用来检测 F-H 管的电流 I_P。实验仪具有"手动"和"自动"两种扫描方式："手动"输出直流电压为 0~90V，连续可调；"自动"输出为 0~90V 锯齿波电压，扫描上限可以设定。扫描速率分"快速"和"慢速"两档："快速"是周期约为 20 次/s 的锯齿波；"慢速"是周期约为 0.5 次/s 的锯齿波。微电流放大器测量范围有 10^{-9}，10^{-8}，10^{-7}，10^{-6}A 四档。

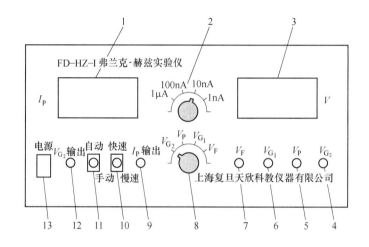

图 1-37　弗兰克-赫兹实验仪

弗兰克-赫兹实验仪面板的各部分功能区域说明如下：

1：I_P 显示表头（表头示值×2 指示档后为 I_P 实际值）。

2：I_P 微电流放大器量程选择开关，分 1μA、100nA、10nA、1nA 四档。

3：数字电压表头，与 8 相关，可以分别显示 V_P、V_{G_1}、V_P、V_{G_2} 值，其中 V_{G_2} 值为数字式表头示值×10V。

4：V_{G_2} 电压调节旋钮。

5：V_P 电压调节旋钮。

6：V_{G_1} 电压调节旋钮。

7：V_F 电压调节旋钮。

8：电压示值选择开关，可以分别选择 V_P、V_{G_1}、V_P、V_{G_2}。

9：I_P 输出端口，接示波器 Y 端、X-Y 记录仪的 Y 端或计算机接口的电流输入端。

10：V_{G_2} 扫描速率选择开关，"快速"用于接示波器观察 I_P-V_{G_2} 曲线或计算机用，"慢速"供 X-Y 记录仪用。

11：V_{G_2}扫描方式选择开关，"自动"供示波器，X-Y记录仪或计算机用，"手动"供手测记录数据使用。

12：V_{G_2}输出端口，接示波器 X 端、X-Y 记录仪 X 端或计算机接口电压输入端。

13：电源开关。

1.3.3.3　误差与修正方法

在实际测量中，很多因素会对实验结果造成误差。为消除这些影响，正确求得被测汞原子的第一激发电位，必须对 V_{G_2}-I_P 实验曲线进行适当的数据处理，常见的处理方法有：

（1）计算各峰间距的算术平均值，作为第一激发电位。由于空间电荷对加速电压 V_{G_2} 的屏蔽作用和汞蒸气与热阴极金属氧化物之间有接触电位差存在，第一峰位一般不在 4.9V。为此，常取第一个峰值为起始点（而不是从坐标 0 点为起始点），测量出各相邻峰间距，并以其算术平均值作为第一激发电位。

（2）消除本底电流的影响。激发电位曲线各极小点的 I_P 值一般不为 0，且随加速电压 V_{G_2} 增加而上升，这是由于未参与激发原子的电子、二次发射电子以及少数速度很大的电子使原子电离，形成本底电流的结果。由于这些电子的存在，在激发电位曲线上，板极电流 I_P 值出现在比真实激发电位稍低处，使激发电位曲线的吸收峰发生位移。消除本底电流的方法是做一条连接激发电位曲线各极小点的平滑曲线，求得两条曲线的相差曲线，从相差曲线的峰间距或从差曲线各峰半宽度中点的间距求第一激发电位，如图 1-38 所示。

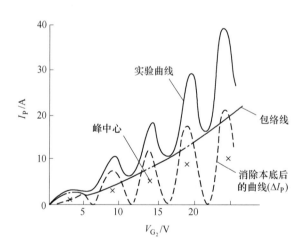

图 1-38　消除本底的 I_P-V_{G_2} 曲线

（3）保持其他实验条件不变，描绘出 $V_P = U$，和 $V_P = U + \Delta U$（可选 $\Delta U = 0.1 \sim 0.5\text{V}$）情况下的两条曲线，或者保持其他条件不变，描绘出 $V_{G_1} = U_1$ 和 $V_{G_1} = U_1 + \Delta U_1$（选 $\Delta U_1 = 0.1 \sim 0.5\text{V}$）时的两条曲线，并从它们的相差曲线求第一激发电位。其道理为：由于在上述条件下，除 V_P 或 V_{G_1} 引起的板极电流大小不同外，其他诸因素的影响相同，因此两者相减后，抵消了这些因素的影响，提高了能量分辨率。

1.3.3.4 弗兰克-赫兹实验仪改进

由于传统的弗兰克-赫兹管中的汞蒸气压（汞原子的密度）在常温下很小，使得电子与汞原子发生碰撞的概率几乎为零，因此在常温下无法观察到如图 1-36 所示的 I_P-V_{G_2} 曲线，必须将弗兰克-赫兹管加热到 120℃ 以上才能进行实验。但在加热的条件下，汞蒸汽压将随环境温度变化而急剧改变，使板极电流 I_P 的大小受到环境温度的严重影响，对加热装置的温度稳定性提出了很高的要求，给实验测试带来了较大的困难。我们现在使用的弗兰克-赫兹实验装置在四极管内充入氩气代替了传统装置中的汞蒸气，适当控制充入氩气的气压大小即控制了其中氩原子的密度，因此在常温下就可以进行实验，使实验测试变得简便易行。

在充氩气的弗兰克-赫兹管中，电子由热阴极发出，阴极 K 和栅极 G_1 之间的加速电压 V_{G_1} 使电子加速，在板极 P 和栅极 G_2 之间有减速电压 V_P。当电子通过栅极 G_2 进入 G_2P 空间时，如果能量大于 eV_P，就能到达板极形成电流 I_P。如果电子在 G_1G_2 空间与氩原子发生了弹性碰撞，电子本身剩余的能量小于 eV_P，则电子不能到达板极，板极电流将会随着栅极电压的增加而减少。实验时使 V_{G_2} 逐渐增加，观察板极电流的变化就可以得到如图 1-36 所示的 I_P-V_{G_2} 曲线。

随着 V_{G_2} 的增加，电子的能量增加，当电子与氩原子碰撞后仍留下足够的能量，可以克服 G_2P 空间的减速电场而到达板极 P 时，板极电流又开始上升。如果电子在加速电场得到的能量等于 $2\Delta E$ 时，电子在 G_1G_2 空间会因二次非弹性碰撞而失去能量，结果板极电流第二次下降。在加速电压较高情况下，电子在运动过程中，将与氩原子发生多次非弹性碰撞，在 I_P-V_{G_2} 关系曲线上就表现为多次下降。对氩来说，曲线上相邻两峰（或谷）之间的 V_{G_2} 之差，即为氩原子的第一激发电位，这就证明了氩原子能量状态的不连续性。

1.3.4 实验操作规程及主要现象

（1）熟悉实验装置并了解各控制部件的作用，测量弗兰克-赫兹管 I_P-V_{G_2} 曲线，得到氩（Ar）原子的第一激发电位，证实原子存在分立的能级，加深对玻尔原子理论的理解（基础内容）。

需要注意，对于不同的实验条件，V_{G_2} 有不同的击穿值，一旦击穿发生，应立即降低 V_{G_2} 以免 F-H 管受损。

此外，灯丝电压 V_F 不宜放得过大，宜在 2.5V 左右；取得过大，热阴极的温度就会过高，发射的电子就会增多，通过 F-H 管的电流过大，容易导致 F-H 管击穿；取得过小，热阴极的温度过低，发射的电子数就会过小，不利于观察到清晰的波峰波谷现象。

1）用同轴线（Q9 接头）将弗兰克-赫兹实验仪主机正面板上"V_{G_2} 输出"和"I_P 输出"与示波器上的"CHX"和"CHY"相连，将电源线插在主机后面板的插孔内。若仪器已经连接好则上述步骤无须进行。

2）打开电源开关，把弗兰克-赫兹仪的扫描方式开关调至"自动"档，扫描速度开关调至"快速"，把 I_P 电流增益波段开关拨至"10nA"。这一步骤，并结合下面的步骤3）、4）的主要目的是确定一组合理的 V_P、V_{G_1}、V_F 值。

3）打开示波器的电源开关，使示波器处于 X–Y 模式，并分别调节"X"和"Y"的电压旋钮，选择合适的范围，结合下述步骤4）使示波器上出现合适的波形曲线。

4）利用电压指示切换开关选择数字电压表的监测区域，与此选择相对应，通过电位器5、6、7分别调节 V_P、V_{G_1}、V_F，再通过电位器4将 V_{G_2} 调节至最大，此时就可以在示波器上观察到稳定的氩 I_P-V_{G_2} 曲线。

在这一步要进行仔细观察，若出现图1-39波形失真的情况则说明 V_P、V_{G_1}、V_F 的取值不合理，需要对其进行调节，直到出现多个清晰的波峰和波谷（非常重要），否则测不出准确结果。

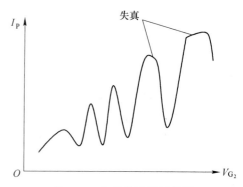

图1-39　失真的波形示意图

5）将扫描方式开关拨至"手动"档，保持步骤4）所确定的合理的 V_P、V_{G_1}、V_F 不变，调节 V_{G_2} 至最小，然后逐渐增大 V_{G_2} 值（增大步长取0.1比较合适，当然再取小一些可以提高测量精度，但同时会耗费大量时间），从数字电流表读出对应的板极电流 I_P 的值，记录 (V_{G_2}, I_P) 值，寻找 I_P 值的极大值和极小值点，并记录相应的 V_{G_2} 值，也即 I_P-V_{G_2} 关系曲线中波峰和波谷的位置。相邻波峰的横坐标（电位）之差就是氩的第一激发电位。

需要注意的是，电压表的量程只有20V，实验中可以做到大约100V，实际上只分出1/10电压来进行测量，因此最终要将测量的电压值乘以10。I_P 电流值为电流表指示值"×10nA"。

6）测量完成后，处理 I_P-V_{G_2} 曲线，求出氩的第一激发电位。可采用的处理方法有：

①用曲线的峰或谷的电位差求平均值。

②用最小二乘法处理峰或谷的电位，$V_{G_2} = a + V_1 i$，其中 i 为峰或谷序数，V_{G_2} 为特征位置电位值，V_1 为拟合的第一激发电位。

7）降低或增加灯丝电压，观察 I_P-V_{G_2} 曲线的变化，记录第一峰和最末峰的位置，与（5）比较，大概推断灯丝电压对曲线的影响。

（2）分析并测试研究 V_{G_1} 的大小对 V_{G_1} – I_P 曲线的影响（拓展内容）。

实验操作过程与实验内容（1）相似，只是每改变一次 V_{G_1} 的值，观察测量 V_{G_2}-I_P 曲线，并根据实验结果分析讨论影响。

1.3.5　数据记录、处理与误差分析

1.3.5.1　数据记录与处理示例

测量数据见表1-2。在实验中，可以在波峰和波谷位置周围记录多组数据，以提高测量精度。根据所记录数据，列出 I_P-V_{G_2} 对应数据表格，然后描画 I_P-V_{G_2} 关系曲线图，要求至少要测量得到4个峰值 I_P。由 I_P-V_{G_2} 关系曲线图计算氩的第一激发电位，由于第一个峰误差较大，可用后面三个峰来计算。

表 1-2 弗兰克-赫兹实验数据

V_{G_2} /V	I_P /nA	V_{G_2} /V	I_P /nA	V_{G_2} /V	I_P /nA	V_{G_2} /V	I_P /nA
15.0	0.4	35.0	17.3	55.0	52.5	75.0	28.1
16.0	1.1	36.0	13.7	56.0	54.0	76.0	40.5
17.0	1.8	37.0	10.4	57.0	50.3	77.0	54.1
18.0	2.1	38.0	9.4	58.0	41.1	78.0	65.9
19.0	2.4	39.0	13.6	59.0	28.2	79.0	73.9
20.0	3.1	40.0	19.8	60.0	14.9	80.0	78.2
21.0	4.6	41.0	26.4	61.0	8.4	81.0	76.9
22.0	5.5	42.0	32.5	62.0	14.2	82.0	71.2
23.0	6.0	43.0	35.9	63.0	25.7	83.0	59.5
24.0	6.3	44.0	37.3	64.0	39.2	84.0	44.4
25.0	6.1	45.0	35.6	65.0	51.5	85.0	29.2
26.0	5.9	46.0	30.5	66.0	60.0	86.0	22.6
27.0	7.1	47.0	23.1	67.0	66.6	87.0	28.2
28.0	9.7	48.0	14.9	68.0	68.4	88.0	39.6
29.0	13.2	49.0	8.8	69.0	64.9	89.0	52.4
30.0	16.1	50.0	11.7	70.0	55.2	90.0	64.3
31.0	18.5	51.0	21.6	71.0	40.3	91.0	73.2
32.0	19.8	52.0	31.2	72.0	23.9	92.0	82.1
33.0	20.0	53.0	43.0	73.0	13.3	93.0	85.2
34.0	19.2	54.0	48.0	74.0	16.2	94.0	84.9

根据记录数据，就可以描画出 I_P-V_{G_2} 关系曲线图，示例如图 1-40 所示。通过测量及描点可以得出氩的第一激发电位。

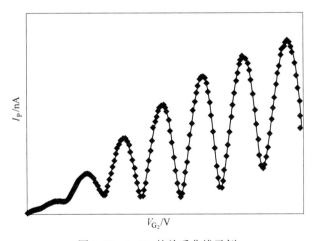

图 1-40 I_P-V_{G_2} 的关系曲线示例

从表 1-2 中的数据得到，氩的第一激发电位为 11.55V。

1.3.5.2　误差原因分析

（1）灯丝电压、拒斥电压的存在对 I_P-V_{G_2} 关系曲线有影响。

（2）测量时，因为要求极大值点或极小值点来计算第一激发电位，所以在寻找极值点的过程中，会引入测量误差。

1.3.6　实验操作拓展

（1）除了 V_{G_1}，减速电压 V_P、灯丝电压 V_F 又对 V_{G_2}-I_P 曲线有何影响？

（2）温度在本实验中起到何种作用？考察 I_P-V_{G_2} 周期变化与能级的关系，如果出现差异估计是什么原因？

（3）V_{G_2}-I_P 曲线第一峰位的电位为何与第一激发电位有误差？

1.4　塞曼效应实验

塞曼效应实验是物理学史上又一个著名的实验。1896 年，塞曼（Zeemann）发现当把产生光谱的光源置于足够强的磁场时，由于磁场作用于发光体，其光谱会发生变化，每一条谱线分裂成几条偏振化的谱线，这种外磁场下的谱线分裂现象称为塞曼效应。塞曼效应实验证实了原子具有磁矩和原子磁矩空间取向的量子化，并得到了洛仑兹的理论解释，因这一发现，1902 年塞曼与洛仑兹共享了诺贝尔物理学奖。至今，塞曼效应仍然是研究原子内部能级结构的重要方法之一。

1.4.1　实验目的、内容与要求

1.4.1.1　实验目的

通过观察汞（Hg）原子 546.1nm 光谱线在外磁场作用下的塞曼分裂现象，了解洛仑兹经典电子理论和量子力学理论关于电子具有分立空间取向的轨道磁矩的学说，掌握法布里-珀罗干涉仪的基本特性及其主要应用，并测量电子的荷质比。

1.4.1.2　实验内容与要求

（1）从平行于磁场的方向观察塞曼分裂现象，用 $\lambda/4$ 波片和偏振片区分 σ^+ 成分和 σ^- 成分，描述并解释观察到的实验现象（基础内容）。

（2）从垂直于磁场的方向观察塞曼分裂现象，测量在适当外磁场作用下 π 成分分裂的波长差，计算电子的荷质比，并估算其测量误差（基础内容）。

（3）在平行磁场方向测量塞曼分裂的波长差，计算电子的荷质比，加深对塞曼效应不同方向现象的区别理解（拓展内容）。

1.4.2　简要原理

原子中电子的运动导致原子具有磁矩。在磁场中，原子磁矩与外磁场的作用将引起原子能级的变化，其大小可以表示为：

$$\Delta E = mg\mu_B B \tag{1-28}$$

式中 m——总量子数在磁场方向的投影；

    μ_B——波尔磁子，$\mu_B = \dfrac{eh}{4\pi m_e}$；

    g——朗德因子，表征原子的总磁矩和总角动量的关系，对于 LS 耦合，有：

$$g = 1 + \frac{J(J+1) - L(L+1) + S(S+1)}{2J(J+1)} \tag{1-29}$$

式中 L——总轨道角动量量子数；

    S——总自旋角动量量子数；

    J——总角动量量子数。

对式（1-28）中的 m，由于原子空间磁矩的量子化，其取值只能为 J，$J-1$，$J-2$，…，$-J$ 等 $(2J+1)$ 个值，也即 ΔE 有 $(2J+1)$ 个可能值。这就是说，无磁场时的一个能级，在外磁场的作用下将分裂成 $(2J+1)$ 个能级。由式（1-28）还可以看到，分裂的能级是等间隔的，且能级间隔正比于外磁场 B，正比于朗德因子 g。

设有一频率为 ν 的光谱线由能级 E_2 到 E_1 的跃迁所产生，即 $h\nu = E_2 - E_1$。由于在磁场中，一般上、下能级都要分裂，所以新谱线的频率 ν' 与能级的关系为：

$$h\nu' = (E_2 + \Delta E_2) - (E_1 + \Delta E_1) = (E_2 - E_1) + (\Delta E_2 - \Delta E_1) = h\nu + (m_2 g_2 - m_1 g_1)\mu_B B \tag{1-30}$$

因此分裂后谱线与原谱线的频率差为

$$\Delta\nu = \nu' - \nu = (m_2 g_2 - m_1 g_1)\frac{\mu_B B}{h} = (m_2 g_2 - m_1 g_1)\frac{eB}{4\pi m_e} \tag{1-31}$$

等式两边同除以 c，式（1-31）被表示为波数差的形式

$$\Delta\tilde{\nu} = (m_2 g_2 - m_1 g_1)\frac{eB}{4\pi m_e c} = (m_2 g_2 - m_1 g_1)L \tag{1-32}$$

式中，$L = \dfrac{eB}{4\pi m_e c}$ 为洛仑兹单位。

以汞的 546.1nm 绿色谱线为例来说明谱线分裂的情况。波长为 546.1nm 的谱线是汞原子从 $\{6s7s\}^3S_1$ 到 $\{6s6p\}^3P_2$ 能级跃迁时产生的，其上下能级有关的量子数值和能级分裂情况如图 1-41 所示。546.1nm 谱线在磁场中将分裂成九条：垂直于磁场观察，中间三条谱线为 π 成分，两边各三条谱线为 σ 成分；平行于磁场方向观察，π 成分不出现，对应的六条线 σ 分别为右旋圆偏振光和左旋圆偏振光。若设原线的强度为 100，则其他各线强度约为 75、37.5、12.5。

表 1-3 中，根据塞曼跃迁的选择定律，$\Delta m = 0$ 为 π 成分，垂直于磁场观察时为振动平行于磁场的线偏振光，平行于磁场观察不到（被禁止）；$\Delta m = 1$ 为 σ^+ 成分，垂直于磁场观察时，谱线为振动与磁场垂直的线偏振光，沿磁场正方向观察时，为右旋圆偏振光；$\Delta m = -1$ 为 σ^- 成分，垂直于磁场观察时，同样为振动与磁场垂直的线偏振光，但沿磁场正方向观察时，为左旋圆偏振光。

	$^3S_1$			$^3P_1$				
L	0			1				
S	1			1				
J	1			2				
g	2			3/2				
m	1	0	−1	2	1	0	−1	−2
mg	2	0	−2	3	3/2	0	−3/2	−3

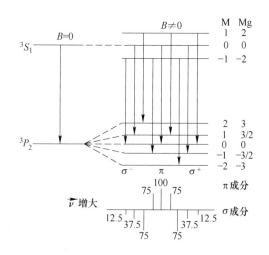

图 1-41　Hg 原子 546.1nm 谱线在外磁场中的分裂情况

表 1-3　塞曼效应垂直与平行磁场方向观察结果

选择定则	横向观察（垂直）	纵向观察（平行）
$\Delta m = 0$	直线偏振光（π）	无光
$\Delta m = +1$	直线偏振光（σ^+）	左旋圆偏振光（σ^+）
$\Delta m = -1$	直线偏振光（σ^-）	右旋圆偏振光（σ^-）

1.4.3　实验设备介绍

1.4.3.1　塞曼效应仪构造

塞曼效应的观测通过 WPZ-Ⅲ 型塞曼效应仪完成。在约 1T 磁场下，塞曼分裂形成的频率差在兆赫兹数量级，普通的光谱仪不能分辨，故 WPZ-Ⅲ 型塞曼效应仪采用 2mm 间隔的法布里-珀罗标准具来分析谱线精细结构，并用干涉滤光片把笔形汞灯中的 546.1nm 光谱线选出，在磁场中进行分裂，然后用 CCD 摄像装置记录，并将图像传送到计算机中，用智能软件进行处理。整套部件安置在导轨上便于调整和观察。

仪器组成如图 1-42 所示，实验光路如图 1-43 所示。O 为光源，实验中使用专用电源点亮笔形汞灯作为光源，通过干涉滤光片选取 $\lambda = 546.1$nm 的绿色光谱线作为研究对象。光源被置于永磁铁的磁隙之中，通过转动磁铁实现垂直或平行塞曼配置。透镜将光源发出的光会聚，使进入 F-P 标准具的光强增强。偏振片用以鉴别 π 成分和 σ 成分及左旋和右旋圆偏振光。透射式干涉滤光片已安装在 F-P 标准具的入射端面前部。

F-P 即法布里-珀罗标准具，用于产生等倾干涉圆条纹并进而测量塞曼分裂的波长差。本实验中使用的 F-P 标准具两个反射镜面间的距离 $d = 2$mm。F-P 标准具后端的三个调节旋钮可用于调整标准具达到最佳分辨状态，即两个反射镜面严格平行。用眼睛直接观察 F-P 标准具，当眼睛上、下、左、右移动时，圆环中心没有吞吐现象，即达到严格平行。CCD 连接计算机，用于对干涉条纹进行观察和测量。光路中还可加入 $\lambda/4$ 波片，用于给圆偏振光附加 $\pi/2$ 相位差，将其变成线偏振光。

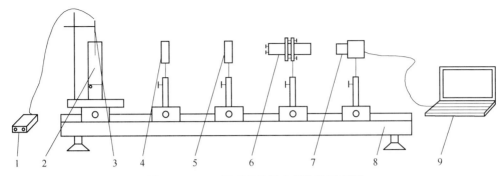

图 1-42　WPZ-Ⅲ型塞曼效应仪构造示意图
1—笔形汞灯电源；2—磁铁；3—笔形汞灯；4—透镜；5—偏振片；
6—F-P 标准具及干涉滤光片；7—CCD；8—光具座；9—计算机

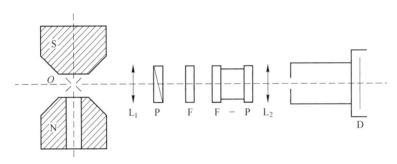

图 1-43　塞曼实验光路图

1.4.3.2　用 F-P 标准具测量微小波长差

塞曼分裂的波长差是很小的，由波长和波数的关系，$\Delta\lambda = \lambda^2 \Delta\tilde{\nu}$。对于一波长为 500nm 的谱线，在 1T 磁场中，则分裂谱线的波长差只有 0.01nm。要测量如此小的波长差，用一般的光谱仪器是不可能的，必须采用高分辨率的光谱仪器，如本实验使用的法布里-珀罗标准具。

F-P 标准具是由平行放置的两块平面玻璃或石英板组成，在两板相对的平面上镀有银膜或者其他有较高反射率（大于 90%）的薄膜，为消除两平板背面反射光的干涉每块板都为楔形。两平行的镀银平面中间夹有一个间隔圈，用膨胀系数很小的石英等材料精加工成一定厚度，以保证两块平面玻璃间的距离，玻璃板上带有三个螺丝，可调节两玻璃板内表面之间精确平行度。

F-P 标准具的光路如图 1-44 所示。自扩展光源 S 上任一点发出的单色光，射到标准具的平行平面上，经过 M_1 和 M_2 表面的多次反射和透射，分别形成一系列相互平行的反射光束 1，2，3，4，…和透射光束 1′，2′，3′，4′，…在透射的诸光束中，相邻两光束的光程差 $\Delta = 2d\cos\theta$，这一系列平行并有一定光程差的光在无穷远处或透镜的焦平面上发生干涉，形成等倾干涉条纹。当光程差为波长的整数倍时产生干涉极大，即

$$2d\cos\theta = K\lambda \tag{1-33}$$

式中 K 为整数，称为干涉级次。对 F-P 标准具而言，表征其工作性能有两个重要的特征

参量——分辨本领和自由光谱范围。

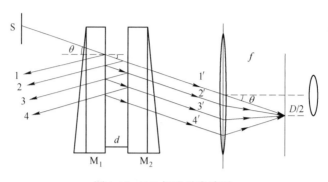

图 1-44　F-P 标准具光路图

A　分辨本领

光谱仪的分辨本领定义为工作波长与可分辨波长的比值，对于 F-P 标准具，有

$$\lambda / \Delta\lambda = KN_e \tag{1-34}$$

其中 $N_e = \dfrac{\pi\sqrt{R}}{1-R}$ 为标准具的精细常数，其物理意义是在相邻两个干涉级之间能够分辨的最大条纹数，仅依赖于平板内表面反射膜的反射率 R，反射率越高，精细度越大，则仪器能够分辨的条纹数越多。为了获得高分辨率，R 一般须在 90% 以上。

B　自由光谱范围

考虑两束具有微小波长差的单色光 λ_1 和 λ_2（设 $\lambda_1 < \lambda_2$）同时入射的情况，通过 F-P 标准具后，将分别形成一套干涉条纹。如果入射光的波长差逐渐加大，使得 λ_1 的第 K 级亮环与 λ_2 的第 $(K-1)$ 级亮环重叠，有 $2d\cos\theta = K\lambda_1 = (K-1)\lambda_2$。考虑一般接近于正入射情况下，$\sin\theta\approx 0$，可以得到

$$\Delta\lambda = \lambda_2 - \lambda_1 = \frac{\lambda_1\lambda_2}{2d} \tag{1-35}$$

由于 λ_1 和 λ_2 的差别很小，$\lambda_1 = \lambda_1\lambda_2 = \lambda_1^2 = \lambda_2^2$，这样上式可以写成

$$\Delta\lambda = \frac{\lambda^2}{2d} \tag{1-36}$$

或用波数表示为

$$\Delta\widetilde{\nu} = \frac{1}{2d} \tag{1-37}$$

$\Delta\lambda$ 或 $\Delta\widetilde{\nu}$ 定义为标准具的自由光谱范围。它表明在给定间隔厚度 d 的标准具中，若入射光的波长在 $\lambda\sim\lambda+\Delta\lambda$（或波数在 $\nu\sim\nu+\Delta\widetilde{\nu}$）则所产生的干涉圆环不重叠。若被研究的谱线波长差大于自由光谱范围，两套条纹之间就要发生重叠或错级，造成分析辨认困难。

在塞曼效应实验中，F-P 标准具测量各分裂谱线的波长或波长差是通过测量干涉环的直径实现的。用透镜（焦距为 f）把 F-P 标准具的干涉圆环成像在焦平面上，则出射角为

θ 的圆环，其直径 D 与透镜焦距 f 间的关系为，$\tan\theta = \dfrac{d}{2}/f$。对于近中心的圆环，$\theta$ 很小，可认为：$\tan\theta \approx \sin\theta \approx \theta$，因此，有关角度的参数可用标准具和系统的其他参数表示

$$\cos\theta = 1 - 2\sin^2\frac{\theta}{2} = 1 - \frac{\theta^2}{2} = 1 - \frac{D^2}{8f^2} \tag{1-38}$$

于是观察到的亮条纹直径 D 应满足

$$2d\cos\theta = 2d\left(1 - \frac{D^2}{8f^2}\right) = K\lambda \tag{1-39}$$

由式（1-39）可推得，同一波长 λ 产生的相邻两级干涉圆环（第 K 级与第 $K-1$ 级）直径的平方差为

$$\Delta D^2 = D_{K-1}^2 - D_K^2 = \frac{4f^2\lambda}{d} \tag{1-40}$$

可见相邻两级干涉圆环直径的平方差是与干涉级次无关的常数。再设波长为 λ_a 和 λ_b 的两条谱线产生的第 K 级干涉圆环直径分别为 D_a 和 D_b，则由式（1-40）得

$$\lambda_a - \lambda_b = \frac{d}{4f^2K}(D_b^2 - D_a^2) = \left(\frac{D_b^2 - D_a^2}{D_{K-1}^2 - D_K^2}\right)\frac{\lambda}{K} \tag{1-41}$$

考虑中心干涉圆环，令 $\theta = 0$，于是 $\cos\theta = 1$，利用式（1-33）可知中心环干涉级次为所有圆环中最高，且满足 $K = 2d/\lambda_{\max}$ 的关系，于是可得这两条谱线波长差与中心圆环直径的关系为

$$\Delta\lambda = \frac{\lambda^2}{2d}\left(\frac{D_b^2 - D_a^2}{D_{K-1}^2 - D_K^2}\right) \tag{1-42}$$

换算成波数差则为

$$\Delta\widetilde{\nu} = \frac{1}{2d}\left(\frac{D_b^2 - D_a^2}{D_{K-1}^2 - D_K^2}\right) \tag{1-43}$$

需注意的是，本实验中心圆环干涉级次 K 数值非常大，即使实际测量干涉圆环并非中心级次，其引起的误差也小于千分之一，几乎可忽略不计。

1.4.3.3 电子荷质比测量结果的计算公式

将由式（1-43）计算出的波数差代入到式（1-32）中可得电子荷质比的表达式为

$$\frac{e}{m_e} = \frac{2\pi c}{(m_2g_2 - m_1g_1)dB} \cdot \frac{D_b^2 - D_a^2}{D_{K-1}^2 - D_K^2} \tag{1-44}$$

其中 B 和 d 为已知量，因此，只需从塞曼分裂的条纹中测出各干涉圆环的直径，并根据图 1-41 确定其对应的 $m_2g_2 - m_1g_1$ 值，就可以用式（1-44）求出电子的荷质比 e/m_e 数值。

1.4.4 实验操作规程及主要现象

塞曼效应实验步骤如下：

（1）先做垂直塞曼效应的观测。按照图 1-42 调整并连接设备。

（2）打开开关，点亮汞灯，移开永磁体使其靠近立柱，调整透镜座、偏振片座、F-P

标准具座，使它们与光源同轴，将 CCD 摄像头置于并紧贴在 F-P 标准具后，使其同轴，让光线能完全进入 CCD。注意标准具出厂已调好，一般不要调节。

（3）打开计算机电源，运行 CCD 成像软件，仔细调节透镜、干涉滤光片、F-P 标准具的位置直至在屏幕中能看到清晰的圆环（见图 1-45）。此时像未分裂，拍照保存。

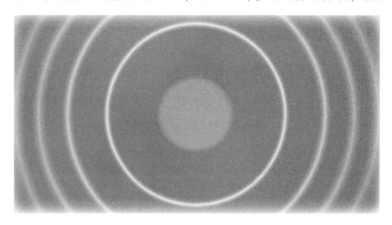

图 1-45　未加磁场的谱线

（4）摆正永磁体，看到清晰的塞曼分裂谱线九条（见图 1-46）。旋转偏振片，将分别看到 π 分量的三条谱线（见图 1-47）和 σ 分量的六条谱线（见图 1-48）。对 π 分量的三条谱线拍照保存，利用智能分析软件可对谱线进行分析，测量各条纹的直径，并计算荷质比。

图 1-46　加磁场的塞曼分裂谱线

（5）再做平行塞曼效应的观测。将光路调整为平行磁场配置，加 λ/4 波片给圆偏振光以附加的 π/2 位相差，使圆偏振光变为线偏振光。波片上箭头指标方向为慢轴方向，表示位相差落后 π/2。

（6）将偏振片顺时针旋转 45°时，可见分裂的两条谱线其中一条消失；将偏振片逆时针旋转 45°时，可见消失的一条谱线重现，而另一条消失，证实分裂的两条谱线是左、右旋圆偏振光，可以拍照保存并分析计算荷质比。

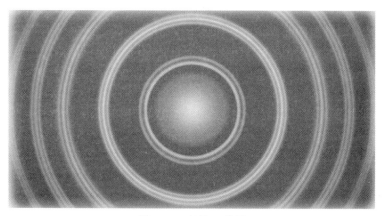

图 1-47　塞曼 π 分量

图 1-48　塞曼 σ 分量

1.4.5　数据记录与处理

　　WPZ-Ⅲ型塞曼实验仪配套的塞曼效应智能分析软件可以完成数据处理工作。实验中，在塞曼效应智能分析软件界面选择塞曼效应，便进入主界面。工具栏包括打开、撤销、重画、画圆、灰度、修复、修正、放大、退出等功能。内容区则显示所需处理的图像和所得的数据，例如图 1-49 展示了加磁场之前的原始谱线图，可用来确定圆心位置。加磁场后拍摄的分量图或九环图（去掉偏振片后摄取的图），可用来确定塞曼分裂谱线中 K 级、K-2 级、K-1 级的直径大小。

　　观察到塞曼效应，并保存好图像后，即按下列步骤进行图像处理与数据分析。

1.4.5.1　圆心确定

　　（1）先按"打开"按钮，调出要处理的文件（未加磁场的谱线图像），然后出现如图 1-50 所示的界面，左面的文本框分别记录所测得的数据和结果，右边的区域为作图区。文本框的数据表示顺序为：第一块为圆心的坐标，第二、第三、第四块分别为从里到外的三组干涉条纹，K_1、K_2、K_3 分别表示每组干涉条纹从里到外的直径，Δd_1、Δd_{21}、Δd_{22} 记录得到的计算结果。按"重新开始"做本次实验，按"计算"当所有数据输入完毕后得到最终结果。

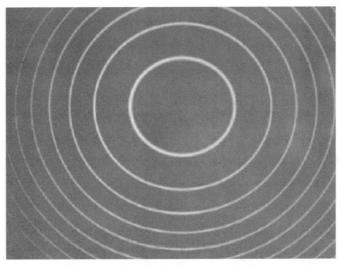

图 1-49　塞曼效应智能分析软件界面
（展示数据为未加磁场的原始谱线）

（2）按"灰度"按钮，软件开始对图像进行第一步处理，把彩色图形转换为灰度图，然后把灰度图转换为黑白二值图。拖动图下端的滚动条，即可得到满意的黑白二值图。图 1-50 展示的是已经处理成黑白图的数据。想要快速改变灰度值可拖动滚动块或单击滚动条的空白区域，想要微调灰度值可单击滚动条两端的箭头，这样就可得到符合自己要求的黑白二值图（注意：灰度值要在一定的范围内，太小使运算时间过长，太大使图形失真，影响实验的精确度）。

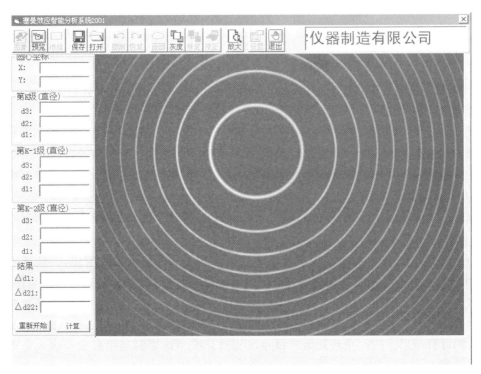

图 1-50　确定圆心位置的黑白灰度处理

（3）对图形进行优化处理，按"修复"按钮，选择对图形处理的次数（即去噪声的次数）。默认次数为1，按"确定"后，软件对图形进行进一步处理。一般次数不要太大，太大使图形会失真，从而使结果产生错误；但如果太小，使噪声去得不够干净，也会对结果产生误差。经过优化处理后，图形中的小噪声被消除。

（4）作修正圆，在一个圆周上作三个点，移动鼠标至圆上，当鼠标的十字架与圆上的点重合时，单击鼠标左键，此时在画面上出现一个红色的十字架，同样做出另外两个点。当作完三个点后，单击工具栏上的画圆，则在界面上作了一个圆，以此方法画出另外两个圆。

（5）定圆心，按工具栏上的"修正"，就可找出圆心，在左上角的圆心坐标的文本框中出现圆心的坐标，在界面上出现红色的十字架来表示圆心。

1.4.5.2 直径确定

（1）分别打开要确定直径的图形，按"灰度"按钮，运行完毕后，在界面上出现此图的圆心（十字架表示）。

（2）在条纹上移动鼠标选取合适的点，单击左键。在此条纹上作3~10个点，然后单击"画圆"按钮，界面上出现如图1-51所示的画面，确定所作圆的类型，这样就确定了一个圆的直径。

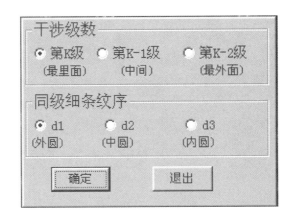

图1-51　选择作圆类型

（3）同样地，确定各级圆的类型、直径。当作完所有圆后，按"计算"按钮后弹出如图1-52所示的对话框，要求输入本次实验所用的磁场强度，输入完毕后按"确定"键，即可得到各级干涉条纹的直径的结果（见图1-53）。当需要调整各级圆的大小时，先单击选中左边列表框中所要调整圆的类型，然后按"Page Up""Page Down"调整。由于图像采集的原因，大多数图形只有观察到K级及$K-1$级，此时只需做出这两级的直径，也能得到实验的结果。

（4）根据测量得到的干涉圆环直径，计算电子荷质比。如需重新开始实验，按界面左下角"重新开始"按钮。实验完成后，按上排"退出"按钮，即退出此软件。

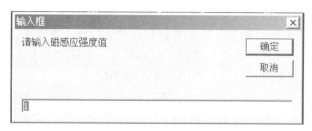

图 1-52　输入磁场强度

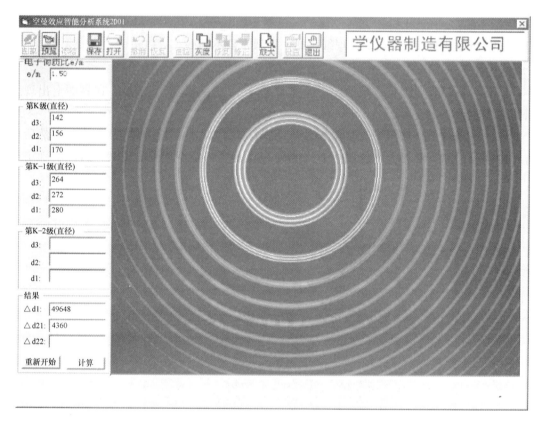

图 1-53　各级干涉条纹直径处理结果

1.4.6　实验操作拓展

1.4.6.1　尝试自主校准法布里-珀罗标准具

塞曼效应光谱实验的成功与否关键在于法布里-珀罗标准具的调整，当实验结果不理想时，可以尝试自己调整标准具。推荐调整步骤如下：

（1）将标准具置于汞灯照明之下用眼睛观察即能看到一组同心圆的干涉图像，工厂在装配时已将两镜片保持平行，但还未达到严格平行需进一步调整。

（2）观察者眼睛从标准具镜片中心向三个微调螺丝方向移动，此时干涉图像也发生移动，则说明标准具的两个镜片还未严格平行需要进行调整。假如干涉图像是向外扩展则该微调螺丝压力太小，应增加压力，即微调螺丝顺时针方向旋；若此时干涉图像向内收缩，则说明该微调螺丝压力太小，应减小压力，即微调螺丝逆时针旋。按此方法反复调整压力直至干涉图像不动为止，此时已严格平行即可进行实验。

1.4.6.2 对于塞曼分裂不同观测方法的比较

除了 CCD 拍摄，可以尝试读数显微镜测量电子荷质比。将读数显微镜置于照相机的位置，确定显微镜的物平面与物镜的相对位置。用眼睛直接看会聚透镜的出射光束时上下左右移动头部确定看到光束最亮的视线方向。使显微镜筒靠近这条视线，调节显微镜位置与轴线取向使镜筒轴线与视线在同一高度，并且近于平行，使物平面与干涉图样所在平面接近重合。转动读数鼓轮，使显微镜筒在水平面内移动，直到在镜筒内看到亮光，转动显微镜直到镜筒内的光最亮。对物平面调焦使干涉亮条纹最清晰。转动读数鼓轮可测出亮条纹直径，如果条纹中心不对称则微调 F-P 标准具的轴线取向或左右平衡显微物镜位置，以上调节完毕后应再对显微镜调焦使条纹最细。测量各相邻条纹的直径，计算电子荷质比。

1.5 电子自旋共振实验

电子自旋共振（简称 ESR）是一种由于原子的电子自旋磁矩不为零而导致其在稳恒磁场下共振吸收电磁波的现象。这种现象最初由扎伏伊斯基于 1944 年观察到，存在于具有奇数个电子的原子分子、内壳层未被充满的离子等粒子或物质中。ESR 是探测物质中的未偶电子，并研究未偶电子与周围原子相互作用的重要方法，具有不破坏样品结构、灵敏度高、分辨率高的优点，在化学、物理、生物和医学等各方面都有着广泛的应用。

1.5.1 实验目的、内容与要求

1.5.1.1 实验目的

了解电子自旋共振的基本原理，掌握用扫场法产生周期性共振条件的实验方法，掌握测量微波信号的基本方法。

1.5.1.2 实验内容与要求

（1）观察共振吸收现象，测量 DPPH 样品中未偶电子的朗德因子 g（基础内容）。

（2）测量微波在矩形波导管内的波导波长（拓展内容）。

1.5.2 简要原理

当原子中的电子磁矩不为零且存在恒定外磁场 B_0 时，原子磁矩与外磁场之间的相互作用能 E_m 为

$$E_m = - mg\mu_B B_0 \tag{1-45}$$

式中　m——磁量子数；

μ_B——玻尔磁子；

g——朗德因子。

按照量子理论，在电子的 L-S 耦合情况下，朗德因子为

$$g = 1 + \frac{J(J+1) + S(S+1) - L(L+1)}{2J(J+1)} \tag{1-46}$$

式中　　J——原子总角动量量子数；

L，S——对原子总角动量有贡献的各电子所合成的总轨道角动量和自旋角动量量子数。

容易看出，若原子的磁矩完全由电子自旋所贡献（$L=0$，$S=J$），则 $g=2$；反之，若磁矩完全由电子的轨道磁矩所贡献（$L=J$，$S=0$），则 $g=1$。若两者都有贡献，则 g 的值在 1~2。因此，g 与原子的具体结构有关，通过实验精确测定 g 的数值可以判断电子运动状态的影响，从而有助于了解原子结构。

在外磁场作用下，两相邻分裂能级的能量差 ΔE 为

$$\Delta E = g\mu_B B_0 \tag{1-47}$$

若此时在垂直于恒定外磁场方向上施加一电磁波（交变电磁场），其频率 ν 满足

$$h\nu = \Delta E = g\mu_B B_0 \tag{1-48}$$

则电子在相邻能级间就有跃迁，对电磁波产生共振吸收现象（电子自旋共振现象），导致电磁波能量衰减，式（1-48）即为电子自旋共振条件。

1.5.3　实验设备介绍

电子自旋共振实验系统主要由矩形波导系统、磁共振实验仪、示波器等组成，如图 1-54 所示。

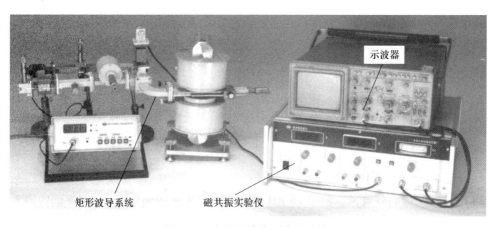

图 1-54　电子自旋共振实验系统

1.5.3.1　矩形波导系统

矩形波导系统结构示意图如图 1-55 所示。整个系统由微波信号发生器（1）、隔离器（2）、可变衰减器（3）、波长计（4）、魔 T（5）、H 弯波导（6）、耦合片（7）、电磁铁（8）、矩形样品谐振腔（9）、晶体检波器（10）、单螺调配器（11）、匹配负载（12）等组成。为连接调试方便，还配置了波导支架、视频电缆、连接线、波导夹、螺钉等元件。

（1）微波信号发生器。微波信号发生器采用 DH1121B 型 3cm 固态信号源，用于提供所需微波信号。该信号源工作频率范围在 8.6~9.6GHz 内可调，工作方式有等幅、方波、外调制等，实验时根据需要选择。

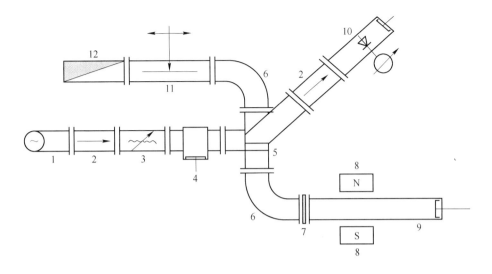

图 1-55　矩形波导系统结构

（2）隔离器。隔离器起隔离和单向传输作用，利用微波铁氧体传输的不可逆性原理制造。位于磁场中的某些铁氧体材料对来自不同方向的电磁波有不同的吸收，经过适当调节，可使其对微波具有单方向传播的特性（见图 1-56）。本系统中振荡器后的隔离器可以避免负载变化影响振荡器的输出功率和频率，检波器前的隔离器可以使检波器的反射避免影响魔 T 其他支臂的工作。

（3）可变衰减器。可变衰减器用来调节微波信号的功率电平，把一片能吸收微波能量的吸收片垂直于矩形波导的宽边，纵向插入波导管即成（见图 1-57），用来部分衰减传输功率，沿着宽边移动吸收片可改变衰减量的大小。衰减器起调节系统中微波功率以及去耦合的作用。

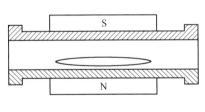

图 1-56　隔离器结构示意图

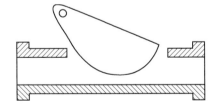

图 1-57　可变衰减器结构示意图

（4）波长计。波长计，也称为波长表或谐振式频率计，用来测量微波信号的频率。电磁波通过耦合孔从波导进入频率计的空腔中，当频率计的腔体失谐时，腔里的电磁场极为微弱，此时它基本上不影响波导中波的传输。当电磁波的频率满足空腔的谐振条件时发生谐振，反映到波导中的阻抗发生剧烈变化，相应地，通过波导中的电磁波信号强度将减弱，输出幅度将出现明显的跌落，从刻度套筒可读出输入微波谐振时的刻度，通过查表可得知输入微波谐振频率。

波长计以活塞在腔体中位移距离来确定电磁波的频率，结构示意图如图 1-58 所示。当发生谐振时，可从刻度套筒直接读出输入微波的频率，精度较高，可达 5×10^{-4}。

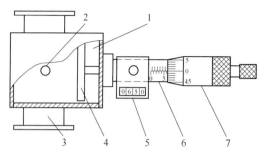

图 1-58　波长表结构示意图

1—谐振腔腔体；2—耦合孔；3—矩形波导；4—可调短路活塞；
5—计数器；6—刻度；7—刻度套筒

（5）魔 T。魔 T 在该系统中作为微波电桥使用，其结构示意图如图 1-59 所示。当信号从 H 臂输入，在 1、2 臂为理想匹配的情况下，信号等幅同相传输，E 臂无信号输出。当 1、2 臂为非理想端接的情况下，反射信号由 E 臂输出，其输出为 1、2 臂微波信号的矢量和。

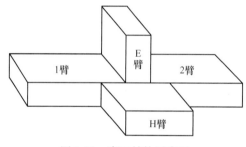

图 1-59　魔 T 结构示意图

（6）H 弯波导。H 弯波导以及矩形波导管内腔尺寸相同，均为宽边 22.86mm、窄边 10.16mm；主模频率范围为 8.20~12.50GHz，截止频率为 6.557GHz。

（7）耦合片。耦合片上有耦合孔，用于将电磁波耦合进入矩形样品谐振腔。

（8）电磁铁。电磁铁用于提供外加稳恒磁场和扫场。

（9）矩形样品谐振腔。矩形样品谐振腔是工作于 TE10 模的反射式矩形谐振腔，电磁波通过膜片的耦合孔进入谐振腔，在腔内形成驻波，如图 1-60 所示。移动谐振腔末端的短路活塞，可改变谐振腔的谐振频率。通过谐振腔宽边中央的窄缝的样品架，可改变实验样品在谐振腔中的位置，其位置可从贴在波导窄边的刻度尺上读出。实验中，待测 DPPH 样品应放置于谐振腔的电场波节点处（电场最小、磁场最强处）。

（10）晶体检波器。晶体检波器用于检测微波功率电平的大小。从波导宽壁中点耦合出两宽壁间的感应电压，经微波二极管进行检波，调节其短路活塞位置，可使检波管处于微波的波腹点，以获得最高的检波效率。

（11）单螺调配器。单螺调配器的作用是通过调节，使魔 T 臂 2 中的负载阻抗与魔 T 臂 1 中的负载阻抗相同，其结构示意图如图 1-61 所示。

在波导的宽边插入矩形波导中的一个深度可以调节的探针，并沿着矩形波导宽壁中心

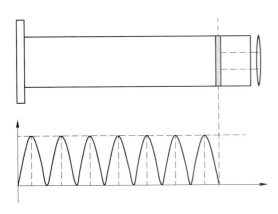

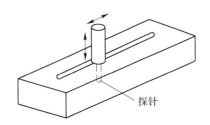

探针

图 1-60 矩形样品谐振腔及驻波分布示意图　　图 1-61 单螺调配器结构示意图

的无辐射缝纵向移动。探针将反射部分入射波，使波导中的驻波分布改变。调节螺钉插入深度及位置，就相当于可调至任何所需的电抗，从而使负载与传输线达到匹配状态。调节匹配过程的实质，就是使调配器产生一个反射波，其幅度和失配元件产生的反射波幅度相等而相位相反，从而抵消失配元件在系统中引起的反射而达到匹配。

（12）匹配负载。匹配负载的作用是吸收微波功率而无反射。它是微波系统的匹配终端，其中装有很好地吸收微波能量的电阻片或吸收材料，几乎能全部吸收入射功率。

1.5.3.2　磁共振试验仪

磁共振试验仪如图 1-62 所示。该仪器由可调直流磁场恒流源、可调交流扫场驱动源、移相电路及指示电路组成。可调直流磁场恒流源用于激励电磁铁以产生共振所需的直流磁场。可调扫场激励源用于激励电磁铁的调制线圈，输出最大扫场电流为 0.3A（AC 有效值）、最小扫场电流约为 0.04A（AC 有效值）。

数字电流表显示直流磁场恒流源的输出电流。

调谐电表显示扫场驱动源的电流或微波回路检波电流，可通过"扫场/检波"按钮切换。

"磁场"输出激励电子自旋共振实验系统的电磁铁产生共振所需的恒磁场。

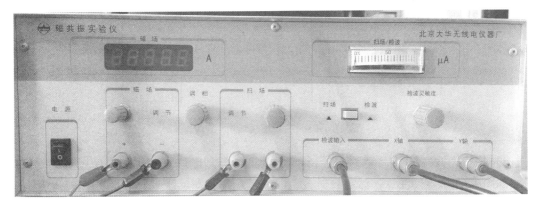

图 1-62　磁共振实验仪

为了能在示波器上观测到共振信号，需产生扫动的磁场，它由磁共振实验仪的"扫场"输出接到电磁铁的调制线圈。当调制线圈以 50Hz 大幅度信号调制时，调制磁场在变化一周期间，磁场变化通过共振点两次，信号通过检波器就会在示波器上看到两个共振波形。

磁共振实验仪的"X 轴"输出为示波器提供同步信号，调节"调相"旋钮可使正弦波的负半周扫描的共振吸收峰与正半周的共振吸收峰重合。

总的来说，在电子自旋共振实验系统中，微波信号经过隔离器、衰减器、波长计到魔 T 的 H 臂，接于主臂 1 中的可调矩形样品谐振腔，在谐振频率点的谐振吸收反射最小。反复调节魔 T 主臂 2 路中的单螺调配器的螺钉深度和位置，使 E 臂的检波信号输出最小。当外加稳恒磁场为谐振场强 H_r 时，样品发生电子自旋共振吸收，改变了谐振腔的工作状态，E 臂的检波信号输出随之发生变化。

1.5.3.3　示波器

示波器 X、Y 通道分别与磁共振实验仪的 X、Y 轴输出连接，用于观察电子自旋共振信号。

1.5.4　实验操作规程及主要现象

（1）观察共振吸收现象，测量 DPPH 样品中未偶电子的 g 因子（基础内容）。

1）检查确保连接线正确（主要连接线见图 1-63）。

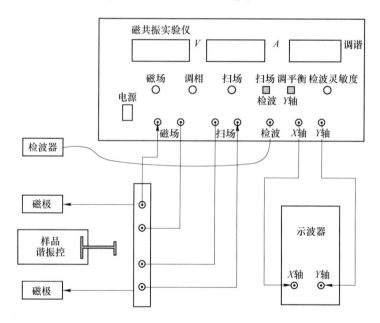

图 1-63　主要连接线示意图

2）根据微波振荡器标定数据表，将微波源测微器刻度调节至 9.37GHz 对应刻度值左右，如图 1-64 所示。注意：标定数据表上的序号应与振荡器上的序号相同；将可变衰减器顺时针旋至底端，使微波基本不进入波导。

3）开启 DH1121B 型固态信号源和磁共振实验仪的电源，DH1121B 信号源选择"等幅"工作状态，系统预热 20min。

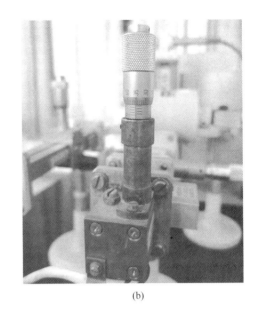

频率—测微器刻度对照表	
振荡器序号: 0606080	
频率 / GHz	刻度值
8.60	2.549
8.70	2.698
8.80	2.869
8.90	3.052
9.00	3.232
9.10	3.419
9.20	3.618
9.30	3.822
9.37	3.980
9.40	4.050
9.50	4.290
9.60	4.565

(a)　　　　　　　　　　(b)

图 1-64　微波振荡器标定表（a）及测微器（b）

4）按下磁共振实验仪的"扫场/检波"按钮，使磁共振实验仪工作在检波状态。

5）将 DPPH 样品位置刻度尺置于约 90mm 处，样品置于电磁铁所产生的磁场的正中央，如图 1-65 所示。

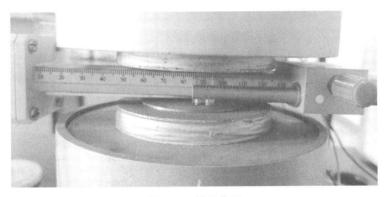

图 1-65　样品位置

6）将单螺调配器的探针逆时针旋到"0"刻度，探针伸入波导管（即无反射波），如图 1-66 所示。

7）逆时针调节可变衰减器，同时调节磁共振实验仪的"检波灵敏度"旋钮，使磁共振实验仪的调谐电表（即扫场/检波电表）指示满刻度的 2/3 以上，如图 1-67 所示。

8）仔细调节谐振式频率计旋钮使之谐振（谐振时调谐电表读数明显减小），根据频率计上的刻度读数查表得到频率值，如图 1-68 所示。注意：频率计上的序号应和频率刻度对照表上的序号相同。测定频率后，将频率计旋开谐振点，避免其过多吸收微波能量。

9）调节样品谐振腔的可调终端活塞，使调谐电表指示最小，如图 1-69 所示。此时样品谐振腔对微波信号谐振，形成整数个驻立半波，样品谐振腔对微波能量的吸收最强。

图 1-66　单螺调配器读数为 0

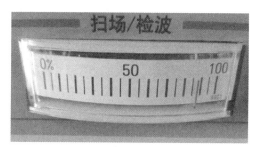

图 1-67　调谐电表指示满刻度的 2/3 以上

(a)

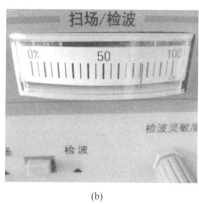

(b)

BD-1/035A	3cm空腔波长表频率刻度对照表		序号: 040923	
F [MHz]	0	1	2 · · ·	9
9100	6.690	6.681	6.672	6.609
9111	6.600	6.592	6.583	6.521
9120	6.512	6.503	6.494	6.433
9130	6.424	6.415	6.406 · · ·	6.345
9140	6.337	6.328	6.319	6.259
9150	6.250	6.242	6.233	6.173
9160	6.165	6.156	6.148	6.088
9170	6.080	6.071	6.063	6.004
			·	

(c)

图 1-68　频率计谐振（a）、电表读数减小（b）及查表得频率（c）

10）为提高系统的灵敏度，逆时针调节可变衰减器，减少衰减量，使调谐电表的读数最小值尽可能提高。然后调节单螺调配器，顺时针调节探针的深度和改变其左右位置，从而改变反射波的振幅和位相，最终使调谐电表指示为"0"或接近"0"，此时谐振腔匹配，微波桥达到平衡。

11）将"扫场/检波"按钮弹起，这时调谐电表指示为扫场电流，顺时针调节扫场旋

 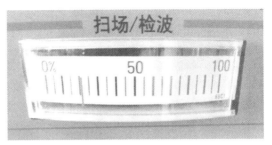

图 1-69   调节终端活塞使调谐电表读数最小

钮加大扫场电流，使电表指示在满刻度的一半左右。使示波器工作在 X–Y 模式，在示波器上看到一条亮线，如图 1-70 所示。

 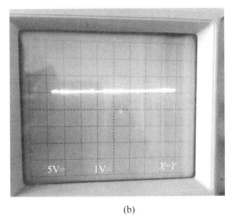

(a)   (b)

图 1-70   扫场电流（a）及示波器图像（b）

12）顺时针调节"磁场"旋钮，逐渐增大稳恒磁场，当电流达到 1.9A 左右时，在示波器上可观察到电子自旋共振信号，如图 1-71 所示。若共振波形峰值较小，或示波器图形欠佳，可通过调节可变衰减器、改变扫场电流大小、调节磁共振实验仪灵敏度三种方式进行改善。

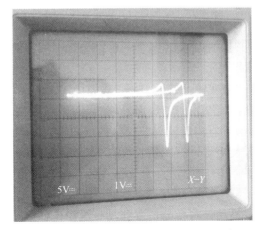

图 1-71   电子自旋共振信号（波形不对称）

13）若共振波形对称，进行下一步操作；若共振波形不对称，调节单螺调配器探针深度和左右位置，使共振波形对称，如图 1-72 所示。

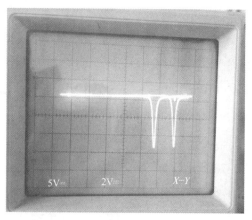

图 1-72　波形对称的电子自旋共振信号

14）调节"调相"旋钮，使两个共振峰重合，再调节"磁场"旋钮使两共振峰重合在示波器亮线的中间位置，此时稳恒磁场满足共振条件，如图 1-73 所示。

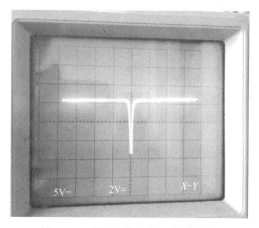

图 1-73　波形重合并位于亮线中间

15）用特斯拉计测出共振时磁场的大小，再结合第 8）步测得的微波频率，计算出 DPPH 样品中电子的朗德因子 g。

16）实验完毕，将磁共振实验仪的"磁场""扫场""检波灵敏度"旋钮均逆时针旋转到底端，关闭磁共振实验仪和 DH1121B 信号源的电源。

（2）测量微波在矩形波导管内的波导波长（拓展内容）。

1）调节短路活塞位置使矩形谐振腔的长度在 134mm 左右。

2）将样品放在矩形谐振腔中间位置。

3）经过调节，从示波器上观察到电子自旋共振吸收信号。

4）保持短路活塞位置不动，将样品位置移动一段距离，电子自旋共振吸收信号再次出现，该距离 S 即等于波导波长的二分之一，如图 1-60 所示。

1.5.5 数据记录、处理与误差分析

1.5.5.1 数据记录和处理示例

（1）测量朗德因子 g。波长表谐振刻度为 2.181mm，查表得微波频率为 9.370GHz。测得磁场大小为 3.69kGs，因此朗德因子为

$$g = \frac{hv}{\mu_B B} = \frac{6.63 \times 10^{-34} \times 9.37 \times 10^9}{0.27 \times 10^{-24} \times 0.369} = 1.8152$$

（2）测量微波的波导波长。$d_1 = 93.9\text{mm}$，$d_2 = 71.4\text{mm}$，因此波导波长为

$$\lambda = 2(d_1 - d_2) = 2 \times (93.9 - 71.4) = 45\text{mm}$$

1.5.5.2 误差原因分析

（1）波形是否位于亮线中心，对测量结果影响大。

（2）用特斯拉计测量磁场大小时，磁探头的摆放及位置影响磁场测量结果，从而引入误差。

（3）地磁场的影响可以忽略，因为共振磁场强度远大于地磁场。

1.5.6 实验操作拓展

（1）测量 DPPH 样品的电子自旋共振线宽。

（2）尝试让示波器工作在双通道波形显示模式，观察并分析实验现象。

1.6 光泵磁共振实验

20 世纪 50 年代，法国物理学家卡斯特勒（Kastler）等人提出光抽运（光泵）技术，并采用光泵磁共振方法（光抽运—磁共振—光探测方法）来研究原子基态和激发态的超精细结构，这在磁共振波谱学方面是一项突破。光泵磁共振方法的灵敏度比一般磁共振探测技术高几个甚至十几个数量级，在基础物理学研究、精确测量磁场、原子频标技术等方面都有广泛应用。卡斯特勒由于在这一实验技术上的杰出贡献，荣获 1966 年诺贝尔物理学奖。

1.6.1 实验目的、内容与要求

1.6.1.1 实验目的

了解原子核自旋及超精细能级结构，掌握光抽运—磁共振—光探测的实验设计思想。

1.6.1.2 实验内容与要求

（1）观察光抽运和磁共振现象，测量铷原子（两种同位素：^{85}Rb 占 72.15%，^{87}Rb 占 27.85%）的朗德因子 g_F 值，并与理论值进行比较（基础内容）。

（2）测量地磁场大小（拓展内容）。

1.6.2　简要原理

1.6.2.1　原子核自旋及超精细能级结构

若考虑原子核自旋的影响，核自旋角动量与核外电子总角动量耦合，引入耦合后的总量子数 F ，则

$$F = I + J, \cdots, |I - J| \tag{1-49}$$

式中　I——核自旋量子数；

　　　J——不考虑核自旋时某一能级的总角动量量子数。

由总量子数表征的能级称为超精细结构能级。在外加磁场中，原子的超精细结构能级将产生塞曼分裂（弱场时为反常塞曼效应）。

引入磁量子数 m_F ，由于

$$m_F = F, F - 1, \cdots, -F \tag{1-50}$$

则每一个超精细结构能级将分裂成 $2F + 1$ 个能量间距基本相等的塞曼子能级。

对于铷原子的两种同位素 ^{87}Rb 和 ^{85}Rb （核自旋量子数分别为 3/2 和 5/2），超精细结构能级以及外磁场作用下的塞曼分裂情况，如图 1-74 所示。

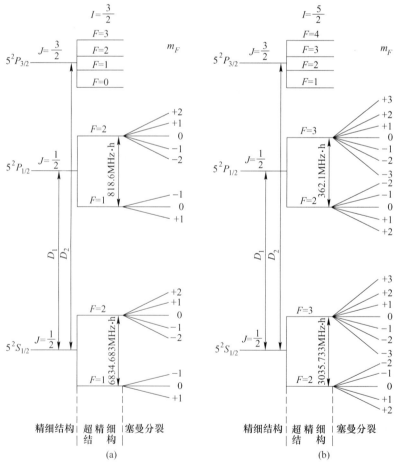

图 1-74　铷原子能级结构示意图

(a) ^{87}Rb；(b) ^{85}Rb

根据量子理论，若设外加磁场大小为 B_0，则相邻塞曼能级之间的能量差为

$$\Delta E_{mF} = g_F \mu_B B_0 \qquad (1\text{-}51)$$

式中　g_F——考虑核自旋时的朗德因子；

　　　μ_B——玻尔磁子。

1.6.2.2　光抽运

以图 1-74（a）所示能级结构为例，当入射光是 $D_1\sigma^+$ 时，只能产生 $\Delta m_F = +1$ 的跃迁，则基态 $m_F = +2$ 塞曼子能级上分布的粒子不能吸收光而向上跃迁。同时，由于 $D_1\sigma^+$ 的激发而跃迁到 $5^2P_{1/2}$ 的粒子，可以通过自发辐射回到基态。

当原子经历无辐射跃迁过程从 $5^2P_{1/2}$ 回到 $5^2S_{1/2}$ 时，则粒子返回基态各子能级的概率相等，这样经过若干循环之后，基态 $m_F = +2$ 子能级上的粒子数就会大大增加，形成了"抽运"效应。一般情况下，光抽运造成塞曼子能级之间的粒子差数比玻耳兹曼分布造成的粒子差数要大几个数量级。

对图 1-74（b）所示能级结构，也有类似的结论，不同之处是 $D_1\sigma^+$ 光将大量粒子抽运到基态 $m_F = +3$ 的子能级上。

1.6.2.3　磁共振

在垂直于外磁场 B_0 的方向加一圆频率为 ω_1 的射频场 B_1 时，当 ω_1 满足共振条件时，

$$\frac{h}{2\pi}\omega_1 = \Delta E_{mF} = g_F \mu_B B_0 \qquad (1\text{-}52)$$

塞曼子能级之间将产生磁共振。

1.6.2.4　光探测

被抽运到基态 $m_F = +2$ 子能级上的大量粒子，由于射频场 B_1 的作用产生感应跃迁，即由 $m_F = +2$ 跃迁到 $m_F = +1$（当然也有 $m_F = +1 \rightarrow m_F = 0$，…）。同时由于抽运光的存在，处于基态 $m_F \neq +2$ 子能级上的粒子又将被抽运到 $m_F = +2$ 子能级上，感应跃迁与光抽运将达到一个新的动态平衡。

在产生磁共振时，$m_F \neq +2$ 各子能级上的粒子数大于未共振时，因此对 $D_1\sigma^+$ 光的吸收增大。通过 $D_1\sigma^+$ 光强的变化即可得到磁共振的信号，这就实现了磁共振的光探测。

因此，$D_1\sigma^+$ 光一方面起抽运作用，另一方面透过样品兼作探测光。

1.6.3　实验设备介绍

实验设备为 DH807A 型光泵磁共振实验装置，主要由光路系统、电源、辅助源、信号发生器、示波器等组成。

1.6.3.1　光路系统

光路系统主要由光源、滤光片、透镜、偏振片、1/4 波片、磁场线圈、射频线圈、样品泡、恒温槽、光检测器等组成，如图 1-75 所示。

（1）光源。光源用高频无极放电铷灯，其优点是稳定性好、噪声小、光强大。

（2）滤波片。滤波片用干涉滤光片，透过率大于 50%，带宽小于 150nm 能很好地滤去 D2 光（D2 光不利于 $D_1\sigma^+$ 光的抽运）。

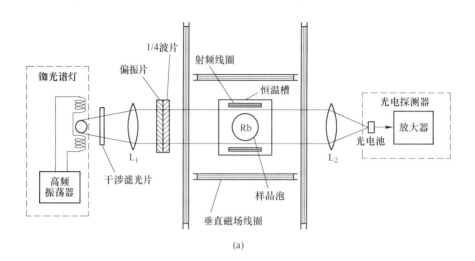

(a)

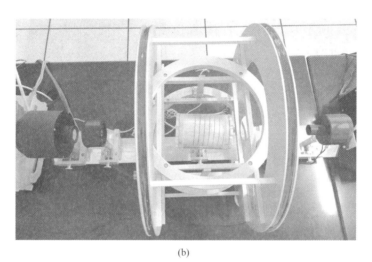

(b)

图 1-75　光路系统

（a）光路系统主要结构；（b）光路系统照片

（3）透镜、偏振片与 1/4 波片。透镜 L_1 将光源发出的光变为平行光，焦距以较小为宜，可用 $f = 5 \sim 8cm$ 的凸透镜。偏振片可用高碘硫酸奎宁偏振片。1/4 波片可用厚度 $40\mu m$ 左右的云母片。透镜 L_2 将透过样品泡的平行光会聚到光电接收器上。

（4）磁场线圈和射频线圈。产生水平方向磁场的亥姆霍兹线圈的轴线应与地磁场水平分量方向一致，产生垂直方向磁场的亥姆霍兹线圈用以抵消地磁场的垂直分量。水平磁场 B_0 由 $0 \sim 0.2mT$ 连续可调，水平方向扫场需 $1\mu T \sim 0.1mT$。扫场信号最好有锯齿波、方波及三角波，并要与示波器的扫描同步。频率由几赫兹至十几赫兹为宜。射频线圈安放在样品泡两侧使 B_1 方向垂直于 B_0 方向。射频信号源可用信号发生器，其频率由几百千赫到几兆赫，功率由几毫瓦到 1 瓦或更大些。

（5）样品泡和恒温槽。样品泡是一个充有适量天然铷、直径约 5cm 的玻璃泡，泡内充有约 13.3Pa（10Torr）的缓冲气体（氮、氩等），样品泡放在恒温室中，室内温度由 $30 \sim 70℃$ 可调，恒温时温度波动应小于 $\pm 1℃$。

（6）光检测器。光检测器由光电接收元件及放大电路组成，光电接收元件可根据不同需要选择光电管或光电池。光电管响应速度快，约为 10^{-9} s；光电池较慢，为 10^{-4} s。但光电池受光面积大、内阻低，本实验选用光电池作光电接收元件。放大电路最好用直流耦合电路，波形畸变小。所用示波器的灵敏度高于 $500\mu V/cm$ 时，可不加放大器，直接观察光电池输出的信号。

1.6.3.2 电源

光泵磁共振实验装置电源如图 1-76 所示。"水平场"调节旋钮用于控制产生水平方向磁场的亥姆霍兹线圈电流大小，该电流值显示在水平场数字电流表上，单位为 A。"垂直场"调节旋钮用于控制产生垂直方向磁场的亥姆霍兹线圈电流大小，该电流值显示在垂直场数字电流表上，单位为 A。

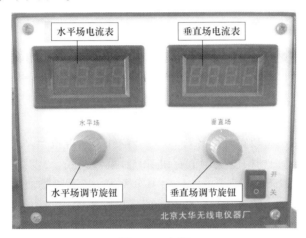

图 1-76 电源

1.6.3.3 辅助源

光泵磁共振实验装置辅助源如图 1-77 所示。

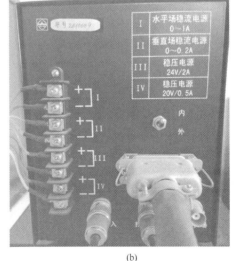

(a)　　　　　　　　　　　　　　(b)

图 1-77 辅助源正面（a）和背面（b）

辅助源正面，"扫场幅度"调节旋钮控制扫场的幅度，该扫场为水平方向；"方波三角"按钮选择扫场波形；"池温"按钮选择是否对样品泡进行加热及温控；"扫场""水平""垂直"按钮分别用于改变扫场、水平场、垂直场的方向（按下和弹出表示两个相反方向）。例如，若"扫场"按钮按下时，扫场正半周对应于从左指向右的磁场，扫场负半周对应于从右指向左的磁场；当"扫场"按钮弹起时，扫场半周对应于从右指向左的磁场，扫场负半周对应于从左指向右的磁场。

辅助源背面，"内/外"拨杆用于选择扫场激励来源，拨至"内"表示扫场激励由辅助源提供。

1.6.3.4 信号发生器和示波器

根据实验条件自行配置，信号发生器应可以输出几百千赫兹到几兆赫兹的正弦波。

1.6.4 实验操作规程及主要现象

（1）观察光抽运和磁共振现象，测量铷原子（两种同位素：^{85}Rb 占 72.15%，^{87}Rb 占 27.85%）的朗德因子 g_F 值，并与理论值进行比较（基础内容）。

1）检查连接线。将光泵磁共振实验装置电源上的"水平场"调节旋钮和"垂直场"调节旋钮逆时针旋转到底，打开光泵磁共振实验装置电源开关。

2）将光泵磁共振实验装置辅助源背面的"内/外"拨杆拨至"内"；将光泵磁共振实验装置辅助源正面的"扫场幅度"调节旋钮逆时针旋转到底，"池温"按钮按下，"方波/三角"按钮按下。此时辅助源处于方波激励工作模式，样品泡被加热。

3）待光泵磁共振实验装置预热完毕，此时辅助源正面的"池温"绿灯亮（注意"灯温"红灯也应亮），铷灯发出淡紫色的光，如图 1-78 所示。

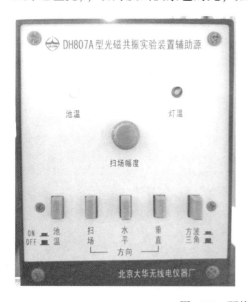

图 1-78 预热完毕的现象

4）顺时针调节光泵磁共振实验装置电源上的"垂直场"旋钮，使垂直场数字电流表显示为 0.070A，如图 1-79 所示。

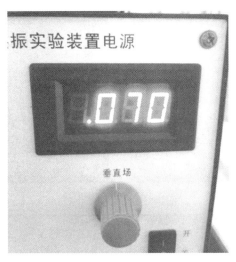

图 1-79　垂直场调节

5）顺时针旋转光泵磁共振实验装置辅助源正面的"扫场幅度"旋钮约 1/4 圈。打开并调节示波器能够观察到两路信号，其中一路为光泵磁共振实验装置辅助源输出的方波，另一路为光信号。注意：示波器不要工作在 X-Y 模式，触发选择在方波所在通道，以便方波稳定显示。

6）逆时针或顺时针旋转偏振光调节圈（包含偏转片和 1/4 波片），同时观察示波器上光信号的变化，直至光信号幅度最大，如图 1-80 所示。然后尝试将光泵磁共振实验装置辅助源正面的"扫场"按钮按下、弹起，并调节光路中两个透镜、光探测器的位置，同时观察示波器上光信号变化，进一步使其幅度达到最大。注意：若环境光的干扰较大，上述调整完毕后将整个光路用遮光布盖住。

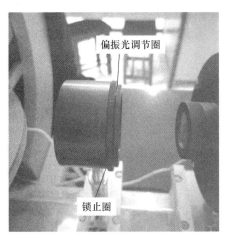
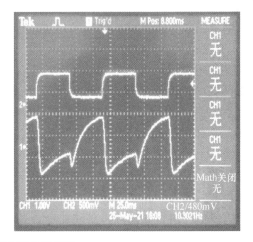

图 1-80　调整光的偏振态

7）分别在光泵磁共振实验装置辅助源正面的"扫场"按钮按下、弹起的条件下，缓慢调节光泵磁共振实验装置电源上的"水平场"调节旋钮。观察示波器上光信号的变化，应分别可以看到图 1-81 所示的三种光抽运现象。

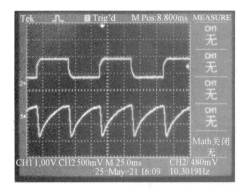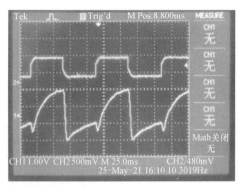

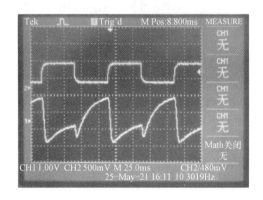

图 1-81　三种光抽运现象

8）将光泵磁共振实验装置辅助源正面的"方波/三角"按钮弹起，使得扫场变为三角波。打开信号发生器，输出频率设定在 1MHz，观察到示波器上出现类似于图 1-82 所示现象。

9）光泵磁共振实验装置电源正面的"水平场"旋钮逆时针旋转到底，再顺时针缓慢旋转，观察水平场电流值逐渐增大，示波器上的光信号逐渐消失。

10）继续顺时针缓慢旋转"水平场"旋钮，示波器上将依次出现图 1-83 中所示的三种磁共振现象，分别记录出现这三种现象时在光

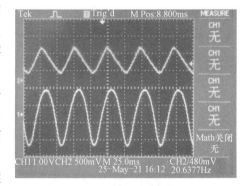

图 1-82　扫场为三角波

泵磁共振实验装置电源水平场电流表上所显示的电流值 I_{11}、I_{12}、I_{13}。

11）继续顺时针缓慢旋转"水平场"旋钮，示波器上的磁共振信号消失。再顺时针缓慢旋转"水平场"旋钮，示波器上将出现图 1-84 中所示的三种磁共振现象，分别记录出现这三种现象时在光泵磁共振实验装置电源水平场电流表上所显示的电流值 I_{21}、I_{22}、I_{23}。

12）改变光泵磁共振实验装置辅助源正面"水平"按钮的状态（从按下变为弹起，或从弹起变为按下）。光泵磁共振实验装置电源正面的"水平场"旋钮逆时针旋转到底，

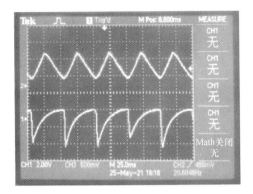
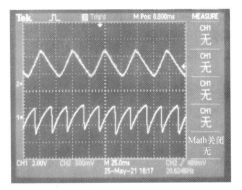
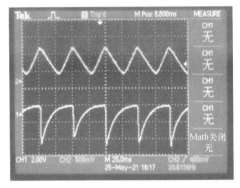

图 1-83　含量高的铷原子磁共振现象

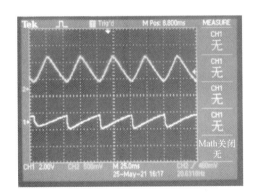
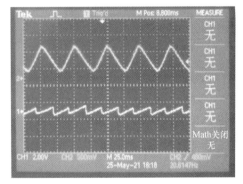
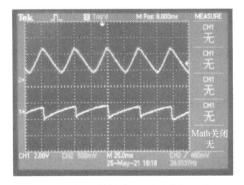

图 1-84　含量低的铷原子磁共振现象

再顺时针缓慢旋转，观察水平场电流值逐渐增大，示波器上的光信号逐渐消失。

13）继续顺时针缓慢旋转"水平场"旋钮，示波器上将依次出现图1-85中所示的三种磁共振现象，分别记录出现这三种现象时在光泵磁共振实验装置电源水平场电流表上所显示的电流值 I_{31}、I_{32}、I_{33}。

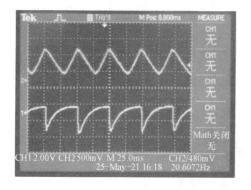 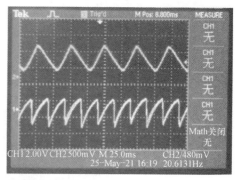

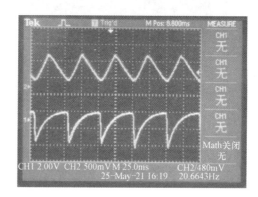

图1-85　含量高的铷原子磁共振现象

14）继续顺时针缓慢旋转"水平场"旋钮，示波器上的磁共振信号消失。再顺时针缓慢旋转"水平场"旋钮，示波器上将出现图1-86中所示的三种磁共振现象，分别记录出现这三种现象时在光泵磁共振实验装置电源水平场电流表上所显示的电流值 I_{41}、I_{42}、I_{43}。

15）实验完毕。将光泵磁共振实验装置辅助源上的"扫场幅度"旋钮、电源上的"水平场"和"垂直场"旋钮均逆时针旋转到底，关闭各仪器电源开关。

（2）测量地磁场大小（拓展内容）。

需要注意，如果希望地磁场测量结果较准确，可先借助指南针确定地磁场水平分量的方向，然后使实验装置的光路与地磁场水平分量平行。具体测量过程与实验内容（1）类似。

1.6.5　数据记录、处理与误差分析

1.6.5.1　数据记录与处理示例

射频信号频率 $\omega = 650\text{kHz}$，垂直线圈电流 $I = 0.068\text{A}$，磁共振发生时波峰、波谷分别对应的水平场电流值见表1-4和表1-5。

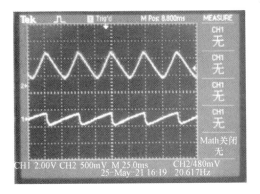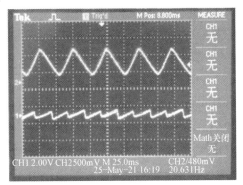

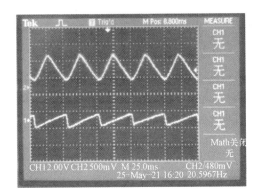

图 1-86 含量低的铷原子磁共振现象

表 1-4 实验数据

项 目		^{87}Rb		^{85}Rb	
扫场	水平场	波峰/A	波谷/A	波峰/A	波谷/A
正	正	0.131	0.149	0.239	0.247
正	反	0.254	0.269	0.352	0.367
反	反	0.205	0.222	0.305	0.324
反	正	0.179	0.195	0.279	0.294

表 1-5 亥姆霍兹线圈参数

项 目	水平场	扫场	垂直场
匝数/匝	250	250	100
有效半径/m	0.2395	0.2420	0.1530

线圈磁场计算公式为：$B = \dfrac{16\pi}{5^{\frac{3}{2}}} \times \dfrac{N}{r} \times I \times 10^{-7}(\text{T})$

（1）对于 ^{87}Rb，取扫场为正、水平场分别为正负时的数据，有

$$B = \frac{16\pi}{5^{\frac{3}{2}}} \times \frac{250}{0.2395} \times \frac{(0.131 + 0.149 + 0.254 + 0.269)}{4} \times 10^{-7}\text{T} = 0.9421 \times 10^{-4}\text{T}$$

$$g_F = \frac{h\nu}{\mu_B B} = \frac{6.63 \times 10^{-34} \times 650 \times 10^3}{9.27 \times 10^{-24} \times 0.9421 \times 10^{-4}} = 0.4929$$

与理论值比较，百分比偏差为

$$\delta = \left| \frac{0.4929 - 0.5}{0.5} \right| = 1.4\%$$

（2）对于 ^{85}Rb，取扫场为正水平场分别为正负时的数据，有

$$B = \frac{16\pi}{5^{\frac{3}{2}}} \times \frac{250}{0.2395} \times \frac{(0.239 + 0.247 + 0.352 + 0.367)}{4} \times 10^{-7}\text{T} = 1.4138 \times 10^{-4}\text{T}$$

$$g_F = \frac{h\nu}{\mu_B B} = \frac{6.63 \times 10^{-34} \times 650 \times 10^3}{9.27 \times 10^{-24} \times 1.4138 \times 10^{-4}} = 0.3285$$

与理论值比较，百分比偏差为

$$\delta = \left| \frac{0.3285 - 1/3}{1/3} \right| = 1.45\%$$

1.6.5.2   误差原因分析

（1）正反向测量出的电流值取平均值，引入一定误差。最好针对每个正反向测量出的电流值计算出磁场值，再取平均值。

（2）辅助源输出的三角波波形不是太稳定，对测量精度有一定影响。

（3）一般凭人眼观察判断波峰、波谷位置处是否发生磁共振现象，引入一定误差。

1.6.6   实验操作拓展

（1）改变示波器的扫描速度，观察光抽运和磁共振现象的变化，设法推算光抽运时间常数。

（2）改变入射光的强度、射频场强度等，测量磁共振信号幅度和线宽的变化，讨论分析其形成原因。

2 微波物理与光电探测实验

微波是指波长在 1mm~1m（频率在 300MHz~300GHz）的电磁波，是电磁波谱中的一个有限频带。与人们熟知的可见光频段相比，微波的频率较低、波长较长。从 20 世纪 40 年代至今，微波技术在通信、生物医学、国防军事等领域得到广泛应用。1939~1945 年雷达的诞生及成熟、1946~1971 年天文学的大发展、微波波谱学及量子电子学的大进步、卫星通信广播的建立和普及、高功率微波武器的产生等，都离不开微波技术的贡献。微波技术已成为一门既是在理论和技术上都相当成熟的学科，又是不断向纵深发展的学科。

本章将学习微波参数测量技术、模拟实验方法、比较测量方法与调制技术等。通过波长较长的微波在晶体模型表面的反射来模拟著名的 X 射线波拉格衍射实验，可以更直观、更方便地验证布拉格公式。通过比较测量方法，将硅光电探测器与光谱响应曲线平坦的热释电探测器进行比较测量，从而可获得光电二极管传感器的光谱响应曲线。

2.1 微波参数测量实验

2.1.1 实验目的、内容与要求

2.1.1.1 实验目的

了解微波在波导管内传播的基本特性，掌握微波参数测量的基本方法和技术。

2.1.1.2 实验内容与要求

（1）测量短路负载时的波导波长和驻波分布，校准检波二极管的检波特性（基础内容）。

要求：由测量得到的波导波长换算出微波的自由空间波长，与根据微波信号源频率计算得到的波长值进行比较，并根据短路负载的 $\lg V - \lg|\sin(2\pi l/\lambda_g)|$ 曲线求出晶体检波率常数 α。

（2）测量不同负载（至少两种）时的驻波比（基础内容）。

要求：计算出不同负载时对应的驻波比，并讨论驻波比与负载反射系数之间的关系。

（3）测量给定一般性负载对微波的反射率与微波频率之间的关系（拓展内容）。

2.1.2 简要原理

根据 Maxwell 方程组和波导管的边界条件，可以求解出只有横电（TE）波和横磁（TM）波能够在矩形波导中传播。实际应用中，一般让波导中存在一种波型且只传输一种波型。对于矩形波导管，常用的一种波型是 TE_{10} 波。这种波型具有可单传、带宽、低耗、简单稳定、易于激励、无限长、易于耦合等优点，是一种应用最广泛的波型。

当宽边为 a、窄边为 b 的矩形波导满足 $b=(0.4\sim0.5)\,a$ 的关系时，波导管就只传输 TE_{10} 波。如果设矩形波导管内壁为理想导体且沿 z 轴方向为无限长，则其中 TE_{10} 波的电磁场分量为

$$E_y = E_0 \sin\left(\frac{\pi x}{a}\right) \mathrm{e}^{j(\omega t - \beta z)}$$

$$E_x = E_z = 0$$

$$H_x = \frac{-\beta}{\omega\mu} E_0 \sin\left(\frac{\pi x}{a}\right) \mathrm{e}^{j(\omega t - \beta z)} \qquad\qquad (2\text{-}1)$$

$$H_z = j\frac{\pi}{\omega\mu^2 a} E_0 \cos\left(\frac{\pi x}{a}\right) \mathrm{e}^{j(\omega t - \beta z)}$$

$$H_y = 0$$

TE_{10} 波的电磁场结构及波导壁电流分布如图 2-1 所示。

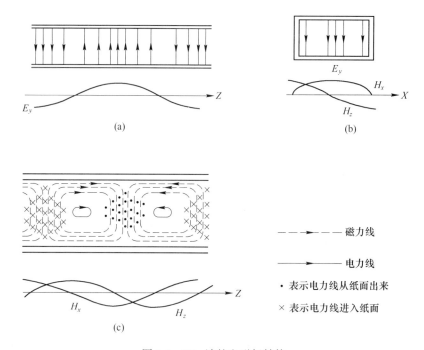

图 2-1 TE_{10} 波的电磁场结构

（a）过波导中轴且平行于窄边的剖面；（b）波导管的横截面；（c）过波导中轴且平行于宽边的剖面

在波导中常用自由空间波长 λ_0、截止波长 λ_c、波导波长 λ_g、相移常数 β、反射系数 Γ、驻波比 ρ 等特性参量来描述电磁波在波导中的传输特征。对于矩形波导中的 TE_{10} 波，有

$$\lambda_0 = \frac{c}{f}$$

$$\lambda_c = 2a$$

$$\lambda_g = \frac{\lambda_0}{\sqrt{1 - \left(\dfrac{\lambda_0}{\lambda_c}\right)^2}}$$

$$\beta = \frac{2\pi}{\lambda_g} \qquad\qquad (2\text{-}2)$$

$$\Gamma = \frac{E_{反}}{E_{入}}$$

$$\rho = \frac{E_{max}}{E_{min}}$$

$$\Gamma = \frac{\rho - 1}{\rho + 1}$$

根据图 2-1 和式（2-2），矩形波导管中的 TE_{10} 波有如下特点：

（1）自由空间波长 λ_0 满足 $\lambda_0 < \lambda_c$，$\lambda_0 < \lambda_g$。

（2）电场只存在横向分量，电力线起始于一个宽壁，终止于另一个宽壁，且始终平行于波导窄边。

（3）磁场既有横向分量，也有纵向分量，磁力线环绕电力线。

（4）电磁场沿着波导方向（z 方向）为行波，E_y 最大处 H_x 也最大，反之依然。

上述讨论假设了矩形波导无限长，实际这是不可能的。所以，对于有限长波导，其中的电磁波由入射波和反射波叠加而成，其状态取决于波导终端所接的负载：

（1）终端接匹配负载（全部吸收无反射，即 $\Gamma = 0$），则波导中为行波（$\rho = 1$）。

（2）终端接一般性负载（有一定反射，即 $0 < \Gamma < 1$），则波导中为混合波（$1 < \rho < \infty$）。

（3）终端接短路或纯电阻抗性负载（全反射，即 $\Gamma = 1$），则波导中为纯驻波（$\rho = \infty$）。

行波、混合波和驻波的振幅分布示意图如图 2-2 所示。

2.1.3 实验设备介绍

实验设备为 DH406A0 型微波参数测试系统，主要由波导与驻波测量线、微波信号源、选频放大器等组成。

2.1.3.1 波导与驻波测量线

波导与驻波测量线实验装置如图 2-3 所示。

（1）波导管。本实验采用 BJ-100 型矩形波导管，管内腔宽边 $a = 22.86\text{mm}$、窄边 $b = 10.16\text{mm}$。

（2）隔离器。隔离器起隔离和单向传输作用，利用微波铁氧体传输的不可逆性原理制造。位于磁场中的某些铁氧体材料对于来自不同方向的电磁波有着不同的吸收，经过适

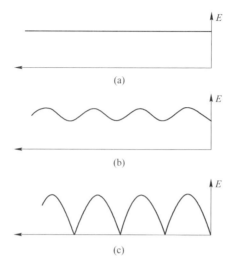

图 2-2　行波（a）、混合波（b）、驻波（c）振幅分布示意图

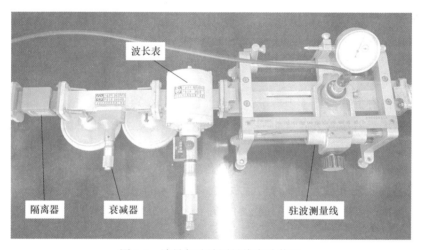

图 2-3　波导与驻波测量线实验装置

当调节，可使其对微波具有单方向传播的特性，如图 1-56 所示。隔离器可以避免负载变化影响振荡器的输出功率和频率。

（3）衰减器。衰减器起调节微波信号的功率电平作用，把一片能吸收微波能量的吸收片垂直于矩形波导的宽边，纵向插入波导管即成（见图 1-57），用来部分衰减传输功率，沿着宽边移动吸收片可改变衰减量的大小。衰减器起调节系统中微波功率以及去耦合的作用。

（4）波长表。波长表用来测量微波信号的频率，电磁波通过耦合孔从波导进入频率计的空腔中，当频率计的腔体失谐时，腔里的电磁场极为微弱，此时，它基本上不影响波导中波的传输。当电磁波的频率满足空腔的谐振条件时发生谐振，反映到波导中的阻抗发生剧烈变化，相应地，通过波导中的电磁波信号强度将减弱，输出幅度将出现明显的跌落，从刻度套筒可读出输入微波谐振时的刻度，通过查表可得知输入微波谐振频率。波长表以活塞在腔体中位移距离来确定电磁波的频率，结构示意如图 1-58 所示。当发生谐振时，可从刻度套筒直接读出输入微波的频率，精度较高可达 5×10^{-4}。

（5）驻波测量线。驻波测量线由滑架、开槽波导和不调谐探头组成，如图 2-4 所示。开槽波导中的场由不调谐探头取样，探头可以在滑架上移动，探头输出到选频放大器，从而测量沿波导轴线的电磁场分布。

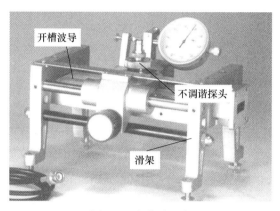

图 2-4　驻波测量线

滑架上面带有刻度尺和百分表，以便读取测量位置坐标。开槽波导上的槽在宽边正中央，平行于波导轴线，不切割高频电流，因此对波导内的电磁场分布影响很小。不调谐探头由检波二极管、吸收环等组成，位于滑架的探头插孔中，可不经调谐，达到电抗小、效率高、输出响应平坦的效果。

检波二极管（即检波晶体）将微波场强转换成电压信号。一般地，输出电压 V 与场强 E 的关系为

$$V = kE^{\alpha} \tag{2-3}$$

式中的 k、α 是不是常数，与检波二极管工作状态和外界条件有关。微波场强较大时 $\alpha \approx 1$；微波场强较小（$<1\mu W$）时 $\alpha \approx 2$。

在精密测量中，必须对检波二极管进行校准。可将驻波测量线终端接短路负载，以任意一个驻波节点为参考点，测量与该参考点距离 l 处的电压输出，根据关系式

$$\lg V = K + \alpha \lg \left| \sin \frac{2\pi l}{\lambda_{\mathrm{g}}} \right| \tag{2-4}$$

作出 $\lg V - \lg \left| \sin(2\pi l / \lambda_{\mathrm{g}}) \right|$ 曲线。若近似为一条直线，则斜率就等于 α；若不是直线，也可用于确定实验中的检波输出大小。

探针对波导中的电磁场分布有一定影响，如图 2-5 所示。若终端短路，当探针位于驻波的波节点 B 时影响很小，可认为 B 点位置不发生偏移；当探针位于驻波的波腹点时影响较明显，将导致波腹点向负载方向偏移。因此，探针将引入不均匀性，从而场分布畸变，使测得的驻波波腹下降而波节点略有增高，造成测量误差。可通过减小探针深度降低其影响，但探针过浅则感应电动势也变小。通常，探针深度小于波导窄边的 $10\% \sim 15\%$（本实验中探针深度约 $1.5\mathrm{mm}$）。

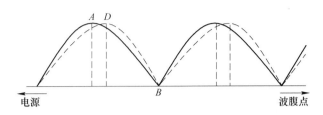

图 2-5   探针对驻波分布的影响

2.1.3.2   微波信号源

本实验采用 DH1121C 型微波信号源，由振荡器、可变衰减器、调制器等组成，可在等幅波、窄带扫频、内方波调制方式下工作，并具有外调制功能，如图 2-6 所示。

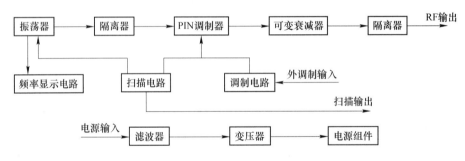

图 2-6   DH1121C 型微波信号源及工作原理图

信号源面板上的主要控制、显示部件及作用如下：

频率旋钮：调节微波频率。

功率旋钮：调节微波功率。

点频/扫频、等幅、方波、外调制+、外调制−、教学按钮：工作方式选择。注意：若选择了扫频工作方式，等幅、方波、外调制+、外调制−、教学按钮均无效；在点频工作方式下，等幅是指微波为无调制的全功率输出，方波是指微波为 1kHz 方波（占空比 1∶1）调制的半功率输出。

扫频宽度旋钮：调节扫描范围，注意只在扫频工作方式有效。

RF 输出端口：输出微波信号。

外调制输入端口：输入外调制信号，实现外部信号对微波信号的调制。注意：外调制信号的极性要与上述外调制极性设置相对应。

扫描输出端口：输出锯齿波扫描信号，用于驱动示波器水平扫描。

频率表：在点频工作方式下显示等幅频率，在扫频工作方式下显示扫频中心频率，在教学工作方式下无显示。

电压表：显示体效应管的工作电压，常态时为12.0V±0.5V。

电压旋钮：调节体效应管工作电压，仅在教学工作方式下使用。

电流表：显示体效应管的工作电流，正常情况下小于500mA。

2.1.3.3 选频放大器

本实验采用DH388A0型选频放大器，测量范围400Hz~10kHz，如图2-7所示。

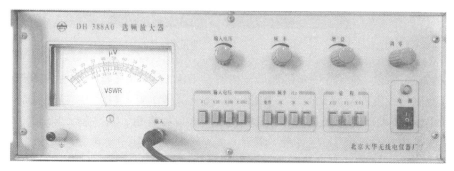

图2-7 DH388A0型选频放大器

选频放大器面板上的主要控制、显示部件及作用如下：

电压表：显示信号电压，单位为μV。

输入电压按钮：有×1、×10、×100、×1000共四档，分别指对输入信号衰减1、10、100、1000倍，置于×1档时无衰减（灵敏度最高）。

输入电压旋钮：调制输入信号衰减量，逆时针旋转到底衰减最大，顺时针旋转到底衰减最小，调节范围1~10倍。

频率按钮：有宽带（400Hz~10kHz）、1K（400~1100Hz）、2K（1~2kHz）、5K（2~5kHz）四档，按下2、3、4档时为窄带，按下1档时为宽带。

频率细调旋钮：频率按钮选择窄带时用于调谐至该频段内任何频率点，频率按钮选择宽带时失效。

量程按钮：有×10、×1、×0.1共三档，按下×10灵敏度最低，按下×0.1灵敏度最高。

增益旋钮：用于调节整机增益，逆时针旋转到底增益最小，顺时针旋转到底增益最大，调节范围0~20dB。

调零旋钮：在无信号输入时对电压表调零。

2.1.3.4 实验附件

实验过程中需要在波导与驻波测量线终端接上不同的负载，常用的有短路负载、匹配负载、一般性负载（金属片、塑料片等），如图2-8所示。

2.1.4 实验操作规程及主要现象

（1）测量短路负载时的波导波长和驻波分布，校准检波二极管的检波特性（基础内容）。

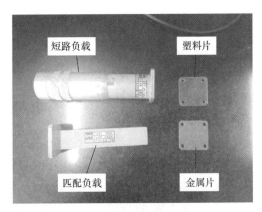

图 2-8　常用的终端负载

1）检查连接线，波导管一端的微波发射腔与 DH1121C 型微波信号源的 RF 输出端口连接，驻波测量线上的检波二极管与 DH388A0 型选频放大器的输入端口连接。

2）在选频放大器前面板上按下"输入电压×1000"按钮，将"输入电压"旋钮顺时针旋转到底，按下"频率1K"按钮，调节"频率"旋钮至其中部位置，按下"量程×10"按钮，将"增益"旋钮逆时针旋转到底再顺时针旋转一点，如图 2-9 所示。然后打开选频放大器电源。

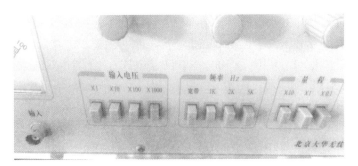

图 2-9　选频放大器开机设置

3）在微波信号源前面板按下"方波"按钮，弹起"点频/扫频"按钮，弹起"教学"按钮，顺时针调节"功率"旋钮至中部位置，打开微波信号源电源，顺时针调节频率旋钮使频率表上显示值在 9.37GHz 附近，如图 2-10 所示。等待设备预热 20min。

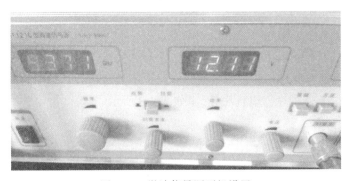

图 2-10　微波信号源开机设置

4）断开检波二极管与选频放大器之间的连接线，调节选频放大器上的"调零"旋钮，使电压表读数为零，再接好连线。然后在驻波测量线终端接上短路负载，逆时针调节可变衰减器至 0 刻度附近，将波长表旋开谐振点（根据波长表刻度判断，谐振点对应刻度查表得知）。

5）在驻波测量线上左右移动检波二极管，同时观察选频放大器上电压表表头（一般在此时无明显变化）。切换选频放大器上的"输入电压"档位按钮，同时观察选频放大器上电压表表头（注意：按照×1000、×100、×10、×1 的次序切换，且每次切换后待电压表读数稳定），直至电压表指针有较小的读数，如图 2-11 所示。

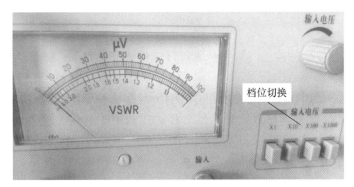

图 2-11 切换输入电压档位使电压表读数不为零

6）顺时针或逆时针仔细调节选频放大器上的"频率"旋钮，同时观察电压表表头，使其读数较大，然后左右移动驻波测量线上的检波二极管，使电压表读数最大，如图 2-12 所示。

图 2-12 调节选频放大器频率使电压表读数最大

7）保持驻波测量线不动，顺时针调节选频放大器上的"增益"旋钮，进一步使电压表读数接近 $100\mu V$。注意：若顺时针调节"增益"旋钮到底时，电压表读数仍明显小于 $100\mu V$，则先将"增益"旋钮逆时针旋转到底，再切换"量程"按钮（按照×10、×1、×0.1 的次序），然后顺时针调节"增益旋钮"，最终使电压表读数接近 $100\mu V$，如图 2-13 所示。

8）由于改变了选频放大器工作状态，需要重新调零。断开选频放大器与检波二极管连线，调节"调零"旋钮使电压表读数为零，然后接上连接线。

图 2-13　切换或改变量程使电压表读数接近 $100\mu V$

9）将驻波测量线上的检波二极管从靠近终端位置开始移动，找到第一个驻波波节位置（此时电压表读数最小），记录标尺刻度值 x_{10}；继续移动检波二极管至第二个驻波波节位置，记录标尺刻度值 x_{11}。注意：可使用百分尺提高测量精度。

10）将检波二极管移到靠近终端，然后移动找到第一个驻波波节位置，记录下刻度值 x_{20} 和电压表读数 V_{20}；检波二极管每移动 0.5mm，记录下刻度值和电压表读数，直至电压表读数最大，如图 2-14 所示。测量得到一系列（刻度，电压）值 (x_{20}, V_{20})，(x_{21}, V_{21})，(x_{22}, V_{22})，…。

图 2-14　驻波波节至波腹的测量

11）保持设备工作状态不变，接着进行下一步实验内容。

（2）测量不同负载（至少两种）时的驻波比（基础内容）。

1）驻波测量线终端接一般性负载，将检波二极管从靠近终端位置开始移动，找到第一个驻波波节位置，记录标尺刻度值 x_{30} 和电压表读数 V_{30}；继续移动检波二极管至第一个驻波波腹位置，记录标尺刻度值 x_{31} 和电压表读数 V_{31}。

2）驻波测量线终端接另一种一般性负载，重复上一步测量。

3）实验完毕，在选频放大器前面板上按下"输入电压×1000"按钮和"量程×10"按钮，将"增益"旋钮逆时针旋转到底，关闭选频放大器和微波信号源电源。

（3）测量给定一般性负载对微波的反射率与微波频率之间的关系（拓展内容）。

1）微波信号源的微波频率设置在最小值，然后按照实验内容（1）的步骤，测量得到检波二极管标定数据。

2）驻波测量线终端接待测一般性负载，按照实验内容（1）的步骤，测量得到驻波比数据，并计算得出待测一般性负载的反射系数。

3）微波频率每增加 0.05GHz，重复上一步操作。最终得到待测一般性负载对微波的反射率随微波频率变化的数据。

2.1.5 数据记录、处理与误差分析

2.1.5.1 数据记录与处理示例

（1）测量波导波长：

相邻两个波节的坐标 $x_{10} = 107.2\text{mm}$，$x_{11} = 128.6\text{mm}$

计算波导波长 $\lambda_g = 2(x_{11} - x_{10}) = 2 \times (128.6 - 107.2) = 42.8(\text{mm})$

根据式（2-2）计算自由空间波长和自由空间频率（略）。

（2）校准检波二极管测量数据见表 2-1。

表 2-1 测量数据表

刻度读数 x_{2i} /mm	电压读数 V_{2i} /μV	$l = (x_{2i} - x_{20})$ /mm	$\lg \left| \sin \dfrac{2\pi l}{\lambda_g} \right|$	$\lg V$	备注
107.20	0.02				波节
107.70	1.05	0.500	−1.1844	0.0212	
108.20	3.20	1.000	−0.8843	0.5051	
108.70	6.20	1.500	−0.70976	0.7924	
109.20	10.00	2.000	−0.587	1.0000	
109.70	15.00	2.500	−0.4929	1.1761	
110.20	20.40	3.000	−0.41716	1.3096	
110.70	26.00	3.500	−0.35429	1.4150	
111.20	32.00	4.000	−0.30103	1.5051	
111.70	38.60	4.500	−0.25526	1.5866	
112.20	45.10	5.000	−0.21555	1.6542	
112.70	52.40	5.500	−0.18089	1.7193	
113.20	58.80	6.000	−0.15052	1.7694	
113.70	65.30	6.500	−0.12387	1.8149	
114.20	71.40	7.000	−0.10053	1.8537	
114.70	77.20	7.500	−0.08015	1.8876	

续表 2-1

刻度读数 x_{2i} /mm	电压读数 V_{2i} /μV	$l = (x_{2i} - x_{20})$ /mm	$\lg\left\lvert \sin\dfrac{2\pi l}{\lambda_{\mathrm{g}}}\right\rvert$	$\lg V$	备注
115.20	82.40	8.000	−0.06247	1.9159	
115.70	87.00	8.500	−0.04727	1.9395	
116.20	90.80	9.000	−0.03438	1.9581	
116.70	93.00	9.500	−0.02368	1.9685	
117.20	94.00	10.000	−0.01506	1.9731	
117.73	96.00	10.530	−0.00809	1.9823	
118.65	97.00	11.447	−0.00114	1.9868	
119.56	96.00	12.363	−0.00049	1.9823	波腹

根据测量数据描绘曲线如图 2-15 所示。

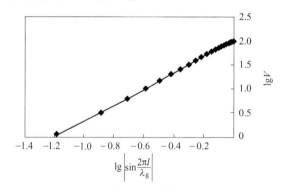

图 2-15　检波二极管校准曲线

线性拟合得到校准曲线的斜率,即检波率 α(略)。

2.1.5.2　误差原因分析

(1)驻波测量线终端接负载时应固定好,否则波节和波腹处不稳定,导致测量误差大。

(2)实验过程中,一旦改变选频放大器的工作参数,必须断开信号调零,否则对测量结果影响大。

(3)操作规程中只针对单个波节或波腹的测量加以说明,为降低测量误差,可利用多个波节、波腹进行测量。

(4)检波二极管工作特性与微波场强有关,所以设备预热需充分,否则测量过程中微波信号源的状态在变化,引入测量误差。

2.1.6　实验操作拓展

(1)如果用驻波相邻波节和波腹位置测量得出波导波长,或利用相邻波腹位置测量得出波导波长,结果如何?尝试进行实验,并分析讨论探针的影响。

(2)在实验中精确测量驻波节点的位置较难,如何比较准确的测量?

(3)如何比较准确地测出波导波长?

2.2 微波布拉格衍射实验

微波在反射、折射、衍射、干涉、偏振以及能量传递等方面均显示出波动的通性。因此，用微波作波动实验所说明的波动现象及其规律是一致的。本实验利用微波的衍射特性，模拟 X 射线进行布拉格衍射实验，观察模拟晶体对微波的衍射，测定简单立方结构的模拟晶体的晶格常数，并得到晶体平面族的衍射强度 I 随衍射角 θ 变化的分布规律。该实验使了解晶格结构对波的衍射更为直观，而且对晶体的各个不同平面族赋予了几何直观性。

2.2.1 实验目的、内容与要求

2.2.1.1 实验目的

通过观测模拟晶体对微波产生的布拉格衍射现象，了解微波的干涉、衍射等基本波动特性，熟悉布拉格公式，掌握模拟实验方法的基本思想及注意事项。

2.2.1.2 实验内容与要求

（1）利用迈克尔逊干涉原理测量微波的波长，并与根据微波信号源频率计算得到的波长值进行比较（基础内容）。

（2）利用微波在模拟晶体上的衍射验证布拉格公式，测出模拟晶体（100）晶面产生 $n=1$ 和 $n=2$ 的衍射峰时的入射角和出射角，验证布拉格公式（基础内容）。

（3）利用微波布拉格衍射测量模拟立方晶体的晶格常数（基础内容）。

（4）基于模拟实验方法完成微波的单缝衍射实验（拓展内容）。

2.2.2 简要原理

电磁波投射到晶体上，当波长与晶体中原子间距长度相当时，就会产生布拉格衍射，入射波会被系统中的原子以镜面形式散射出去，并发生相长干涉。产生相长干涉的条件为：

$$2d\sin\theta = k\lambda, \quad k = 1, \ 2, \ \cdots \tag{2-5}$$

式中　d——相邻晶面的晶面间距；

　　　λ——X 射线的波长；

　　　θ——掠射角（掠射线与晶面之间的夹角）。

式（2-5）称为布拉格公式。根据布拉格公式可知，只有波长 $\lambda < 2d$ 时，才能接收到干涉加强的信号。

本实验所用的电磁波是波长约为 3cm 的微波，采用的晶体是简单立方结构的人工模拟晶体。假设晶格常数为 a，待测晶面的米勒指数为 (hkl)，可以证明各晶面族的面间距计算公式为

$$d = \frac{a}{\sqrt{h^2 + k^2 + l^2}} \tag{2-6}$$

在实验中，如果已知入射波长和晶格常数，可求出相应衍射级的入射角，与实验测得的对应入射角进行比较，以验证布拉格衍射公式。若已知晶格常数就可求得波长，研究射线性质；反之，已知波长就可求的晶格常数，研究晶体的结构。

2.2.3　实验设备介绍

微波的布拉格衍射实验是采用微波分光仪实验系统测试完成的，该系统主要由微波信号发生系统、微波接收系统、分光系统以及底座、晶体支架和读数机构等附件组成，如图 2-16 所示。

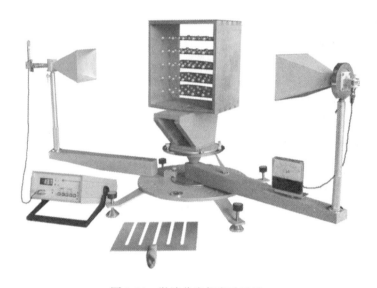

图 2-16　微波分光仪实验系统

2.2.3.1　微波发生系统

微波发生系统由微波信号发生器、振荡器、隔离器、可变衰减器、喇叭天线等组成。

（1）微波信号发生器。微波信号发生器采用 3cm 固态信号源，用于提供所需微波信号。该信号源工作频率范围在 8.6~9.6GHz 内可调，工作方式有等幅、方波、外调制等，实验时根据需要加以选择。

（2）振荡器。振荡器是利用具有负阻特性的 n 型砷化镓半导体材料制成的体效应管固态振荡器，如图 2-17 所示。体效应管安装在工作于 TE_{10} 模的波导谐振腔体内，调节振荡器的螺旋测微器，可改变调谐杆插入波导腔的深度，连续平滑的改变谐振频率。

（3）隔离器。隔离器起隔离和单向传输作用，利用微波在铁氧体中传输的不可逆性原理制造。位于磁场中的某些铁氧体材料对于来自不同方向的电磁波有着不同的吸收，经过适当调节，可使其对微波具有单方向传播的特性（见图 2-18），标签中的箭头方向表明微波的传播方向。

图 2-17　振荡器实物图

图 2-18　隔离器结构图

（4）可变衰减器。可变衰减器用来调节微波信号的功率电平，把一片能吸收微波能量的吸收片垂直于矩形波导的宽边，纵向插入波导管即成，用来部分衰减传输功率，沿着宽边移动吸收片可改变衰减量的大小。衰减器起调节系统中微波功率以及去耦合的作用。

（5）发射喇叭天线。喇叭天线的增益大约是 20dB，波瓣的理论半功率点宽度大约为：H 面是 20°，E 面是 16°。当发射喇叭口面的宽边与水平面平行时，发射信号电矢量的偏振方向是垂直的。发射喇叭天线用固定臂支架安装在底座上，不可移动。

2.2.3.2　微波接收系统

微波接收系统由接收喇叭天线、晶体检波器和微安电流表组成。

（1）接收喇叭天线。接收喇叭天线只能接收横电波，并传给高灵敏度检波器，规格型号及相关参数与发射喇叭天线相同。接收喇叭天线用活动臂支架安装在底座上，可绕主轴旋转，接收不同方向出射的微波信号。

（2）晶体检波器。晶体检波器是将微波信号转化为直流信号输出的非线性器件，如图 2-19 所示。

（3）微安电流表。晶体检波器输出的直流信号经微安表读出，信号强度与微波信号强度成正比。微安表的量程为 0～100μA。

2.2.3.3　分光系统

分光系统包括半透射板、全反射板、模拟晶体、分光台等。

（1）半透射板。半透射板是一块方形玻璃板，可以将入射微波分为透射部分和反射部分。

（2）全反射板。全反射板为方形金属板，可以对入射微波进行全反射。

（3）模拟晶体。模拟晶体规则排列的金属小球模拟简单立方结构的实际晶体，相邻金属球间距为 4cm，晶体外侧用木框固定。微波可以穿透木框，照射到金属球上会发生衍射，模拟晶体可通过晶体支架安装到分光台上。

（4）分光台。分光台边缘有 0—180—0 刻度线，活动臂支架的旋转角度可通过刻度

图 2-19　晶体检波器实物图

线读出。台上安装有 4 个弹簧片，用于安装分光元件支架底盘。

2.2.3.4　其他附件

微波的布拉格衍射实验所用到的仪器附件还包括梳形模片和读数机构。

（1）梳形模片。梳形模片用于调整模拟晶体中金属小球的位置，使相邻金属球间距为 4cm。

（2）读数机构。读数机构（见图 2-20），由底座、细丝杆、移动架和标尺组成，分光元件可通过支架固定在移动架上方，摇动手柄可使移动架沿细丝杆移动。读数机构的量程为 70mm，精度为 0.01mm。

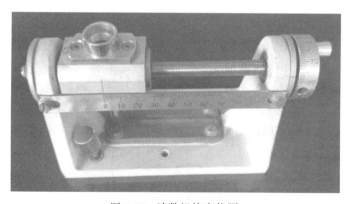

图 2-20　读数机构实物图

2.2.4　实验操作规程及主要现象

2.2.4.1　调整实验装置到正确的工作状态

（1）确保仪器底座保持水平，打开固态信号源电源，预热 10min。按下工作状态选择的"等幅"键。

（2）转动载物台使发射臂对准 0°线，接收臂对准 180°线。观察两个喇叭是否同轴等高，且通过分光计中心，否则进行必要的调整。观察微安表的电流值，在发射与接收臂共线的情况下（分别对准 0°～180°线），可以依次微调发射喇叭和接收喇叭的水平角度使接收信号最强。

（3）查阅 3cm 固态信号源的"频率—测微器刻度对照表"（注意：每台仪器的数值不同，查阅前先核对振荡器序号。如 0205144 号，表中的 9.1GHz 对应的测微器刻度为 2.822mm），那么将振荡器的测微器调到 2.822mm 读数时，输出的微波频率即为 9.1GHz。

2.2.4.2　完成微波迈克尔逊干涉实验，测量微波波长

微波迈克尔逊干涉实验的光路图如图 2-21 所示。其中发射喇叭与接收喇叭相互垂直，固定反射板 A 与移动反射板 B 相互垂直，半透半反板与入射微波成 45°夹角。根据光路，接收喇叭接收到两束同频率、振动方向一致的微波，当两束波的光程差为波长的整数倍时，发生干涉加强，电流表出现极大值；光程差为半波长的奇数倍时，干涉相互抵消，电流表出现极小值。因此，可以通过记录当电流表出现极值时的 B 板位置计算出微波波长。

（1）将读数机构通过它本身带有的两个螺钉旋入底座，使其固定在底座上。

（2）安装分光板，将全反射金属板 A 安装在分光仪底座上，成为固定板。将全反射金属板 B 固定在读数机构的移动架上，成为移动板；半反射半透射板固定在分光台上。

（3）调整光路，使接收喇叭与发射喇叭成 90°夹角，即固定臂指针指到刻度盘上 0°位置，移动臂指针指到刻度盘上 90°位置。

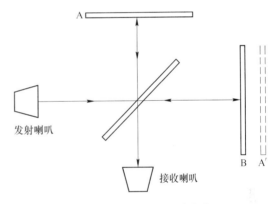

图 2-21　迈克尔逊干涉光路

（4）调整反射板和半透半反板角度。使 A 板的法线与接受喇叭的轴线一致，B 板的法线与发射喇叭轴线一致，同时半透半反板与微波入射方向呈 45°夹角。

（5）测量 B 板移动距离，计算微波波长。将可移动反射板 B 移到读数机构的一端，在此附近测出一个极小的位置，然后旋转读数机构上的手柄使反射板移动，从微安表上测出（$n+1$）个极小值，同时从读数机构上得到相应的位移读数，并求得可移动反射板的移动距离 L，则波长 $\lambda = \dfrac{2L}{n}$。将测出的微波波长与从"频率—测微器刻度对照表"上查到的微波波长进行对比，分析差异原因。

2.2.4.3　验证布拉格公式

（1）将反射板、半透半反板和读数机构取下，按图 2-16 连接仪器。

（2）用间距均匀的梳形叉从上到下逐层检查晶格位置上的模拟铝球，使球进入叉槽中，形成简单立方点阵。

（3）模拟晶体架的中心孔插在支架上，支架插入与刻度盘中心一致的销子上，同时使模拟晶体（100）面的法线对准分光台读数圆盘的 0°刻线，用弹簧片压紧晶体模型底

座，以免转动过程中位置错动。此时固定臂指针所指的角度即为入射角，移动臂指针所指的角度即为衍射角。

（4）转动分光台，连续改变入射角，测量并记录（100）面掠射角 θ 与对应电流强度 I。为保证入射角等于反射角，当晶体每转动 1° 时，接收臂要同向转动 2°。根据测量结果，画出衍射强度随掠射角的变化曲线。

（5）根据微波迈克尔逊干涉实验的微波波长计算结果、模拟晶体（100）面衍射极大值的掠射角测量结果，以及模拟晶体（100）面晶面间距的测量结果，代入布拉格公式，验证公式的正确性，分析误差原因。

2.2.4.4　测量（110）面的晶面间距和晶格常数

（1）如图 2-22 所示，将晶体旋转 45°，使 110 面（即正方形点阵的对角线，注意不是晶体外壳的对角线）与一条 45°～135° 线重合，而另一条 45°～135° 线即为（110）面的法线。

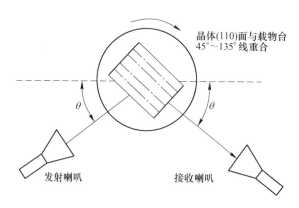

图 2-22　模拟晶体（110）面衍射示意图

（2）转动分光台，连续改变入射角，测量并记录（100）面掠射角 θ 与对应电流强度 I。找到（110）面的 1 级衍射极大对应的掠射角。用布拉格公式计算晶面间距和晶格常数。

（3）用直尺测量模拟晶体的晶格常数（即模拟晶体中相邻金属球球心间距），根据简单立方晶胞的晶胞常数和给定米勒指数晶面族的面间距公式，计算（110）晶面的晶面间距；与用布拉格公式计算出的晶面间距进行对比，分析误差原因。

2.2.4.5　单缝衍射实验

（1）取下模拟晶体及支架，根据需要调整单缝衍射板的缝宽，并按图 2-23 连接仪器。

（2）调整单缝位置，使狭缝平面与支座下面圆盘上的某一对刻线一致，此刻线与工作平台上的 90° 刻度刻线一致。转动分光台，使发射臂的指针在 180° 刻线处，此时 0° 即为狭缝平面的法线方向。

（3）调整信号电平使表头指示接近满度。从衍射角为 0° 开始，测试并记录当单缝两侧衍射角每改变 1° 时的电流表读数，画出单缝衍射强度与衍射角的关系曲线。

（4）根据微波波长和缝宽，计算出一级极小和一级极大的衍射角，并与实验曲线上求得的一级极小和极大的衍射角进行比较。

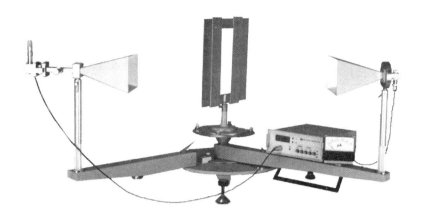

图 2-23 单缝衍射实验的仪器布置

2.2.5 数据记录、处理与误差分析

下面是典型数据测试结果及处理示例。

2.2.5.1 测量微波波长

将迈克尔逊干涉实验中，电流表接收到的信号极大值或极小值，以及对应的位置计入表 2-2 中。以数据点数为横坐标，电流极大值或极小值时对应的 B 板位置为纵坐标作图，用直线拟合，直线斜率 $k = 2\lambda$。

表 2-2 迈克尔逊干涉实验记录表 （mm）

序号	1	2	3	4	5
最大值	1.402	17.911	35.220	51.610	66.098
最小值	11.219	27.812	44.125	59.120	

对干涉极大位置做线性拟合（去掉第五个数据），见图 2-24 和表 2-3。

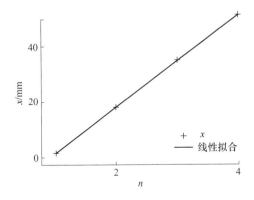

图 2-24 干涉极大位置的线性拟合

对干涉极小位置做线性拟合见图 2-25 和表 2-4。

表2-3　干涉极大值线性拟合结果

斜　率	16.7933
标准差	0.123
线性回归系数	0.99992

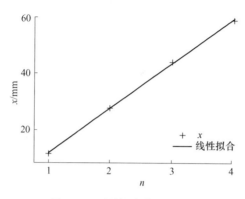

图 2-25　干涉极小位置的线性拟合

表2-4　干涉极小值线性拟合结果

斜率值	16.0016
标准差	0.26311
线性回归系数	0.99959

$$d_1 = 16.8 \pm 0.1 (\text{mm})$$
$$d_2 = 16.0 \pm 0.3 (\text{mm})$$
$$d = \frac{d_1 + d_2}{2} = 16.4 \pm 0.2 (\text{mm})$$

因此，$\lambda = 2d = 32.8 \pm 0.4 (\text{mm})$。

另外，根据频率—测微器刻度对照表读出的频率进行计算：$\lambda = c/f = 32.9 (\text{mm})$。

2.2.5.2　验证布拉格公式

微波入射到（100）晶面不同衍射角对应的电流测试结果见表2-5。根据数据画出 $I\text{-}\theta$ 曲线，标出第1、2极衍射极大值对应的角度，并与根据布拉格公式得到的计算值相比较。图2-26是（100）晶面衍射强度分布图。

表2-5　（100）晶面衍射强度测量表

衍射角/(°)	30	33	35	36	39	40	41	42
电流/μA	5	5	6	9	17	17	14	11
衍射角/(°)	43	47	50	54	57	60	62	65
电流/μA	9	2	7	5	2	9	9	23
衍射角/(°)	66	67	68	69	70	72	75	
电流/μA	22	38	76	94	76	59	13	

测量的一级、二级的衍射极大方向分别为39.5°、69°。

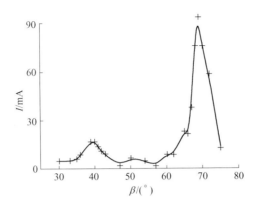

图 2-26 （100）晶面衍射强度分布图

根据简单立方晶面间距公式，（100）晶面的晶面间距：$d = 4\text{cm}$。

根据布拉格公式，第一级和第二级衍射极大的方向分别为 36.9°、66.4°，比测量值偏大约 2.5°。

2.2.5.3 计算（110）面的晶面间距

微波入射到（110）晶面不同衍射角对应的电流测试结果见表 2-6。图 2-27 为（110）晶面衍射强度分布图。

表 2-6 （110）晶面衍射强度测量表

衍射角/(°)	50	51	52	53	54	55	56
电流/μA	10	21	33	43	60	75	74
衍射角/(°)	57	58	59	60	61	62	63
电流/μA	64	50	34	37	37	28	16

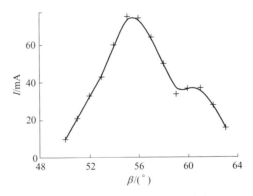

图 2-27 （110）晶面衍射强度分布图

微波入射（110）晶面只出现一级衍射极大，方向为 55°。

根据晶面间距公式，（110）晶面的晶面间距：

$$d = \frac{a}{\sqrt{2}} \approx 2.828\,(\text{cm})$$

根据布拉格公式，可计算衍射角得 55.6°，测量值比理论计算值偏大 0.6°。

2.2.5.4 误差分析

（1）微波的布拉格衍射实验过程中，各组实验仪器之间存在互相干扰，因此不能随意挪动仪器位置。

（2）实验中模拟晶体需要放正，如果存在倾角，晶面位置发生改变，会增加实验值与理论值的偏差。

（3）实验过程中往往在不满足布拉格衍射条件的角度出现奇异峰。这是由于微波发射采用的是矩形喇叭天线，发射喇叭具有一定张角造成的。从喇叭天线出射的微波偏离严格的平面波，而是有一定发散角的准球面波，发生布拉格衍射时存在一个临界掠射角。当掠射角小于临界角时，接收喇叭不但可以接收到晶面反射波，还可以直接接收到发射喇叭发射的微波，两者相干叠加从而产生奇异峰。

2.2.5.5 单缝衍射实验

微波入射到缝宽为 a 时，沿 θ 方向衍射的微波强度：

$$I_\theta = I_0 \times \left(\frac{\sin u}{u}\right)^2, \quad u = \frac{\pi a \sin \theta}{\lambda}$$

则在一级暗纹处有：$\lambda = a \sin \theta_1$

狭缝宽度 $a = 7\text{cm}$ 时，测得电流 I 随衍射角 θ 的变化情况见表 2-7。

表 2-7 单缝衍射强度测量表

衍射角/(°)	0	2	3	4	5	6	7	8	9
电流/μA	93	90	86	81	78	74	72	70	69
衍射角/(°)	10	11	12	13	14	15	16	17	18
电流/μA	65	59	53	44	38	34	30	25	20
衍射角/ (°)	19	20	21	22	23	24	25		
电流/μA	16	12	6	8	4	3	1		

根据表 2-7 中的数据，及衍射强度的对称性分布特性，电流随衍射角的完整变化曲线如图 2-28 所示。

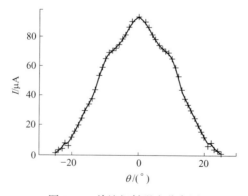

图 2-28 单缝衍射强度分布图

减小衰减系数，测得一级暗纹（$I=0$）的起始位置为28.5°，终止位置为31.5°。
由以上分析得，一级暗纹的中心位置为30°，区间半径1.5°。

$$\theta_1 = 30.0° \pm 1.5°$$

$$a = 7.00 \pm 0.06 (cm)$$

$$\overline{\lambda} = a\sin\overline{\theta_1} = 3.5 (cm)$$

$$\sigma_\lambda = \sqrt{(\sin\theta_1 \times \sigma_a)^2 + (a\cos\theta_1 \times \sigma_{\theta_1})^2} = 0.2$$

$$\lambda = 3.5 \pm 0.2 (cm)$$

根据频率计算可得：$\lambda = c/f = 3.29cm$。

2.2.6　实验操作拓展

借助本实验设备，基于模拟实验方法提出微波反射实验的可行方案，并进行实验操作。

2.3　光电二极管光谱响应度测量实验

光电传感器是能够把光信号转变成为电信号的器件，在军事和国民经济的各个领域应用非常广泛。其基本工作原理是光电效应，即受到光照射的物体，其内部的电子吸收光子的能量而运动状态发生变化，从而使物体产生相应的电效应。通常可以把光电效应分为三类：

（1）光照导致电子逃逸出物体表面的现象（即外光电效应），基于这种效应的器件有光电管、光电倍增管等；

（2）光照导致物体电阻率改变（物体内部产生电子-空穴对）的现象（即内光电效应），相应器件有光电二极管、光敏电阻等；

（3）光照导致物体产生某方向电动势的现象（即光生伏特效应），相应器件有光电池等。其中，光电二极管是最常见的光电传感器。

不同光电传感器的敏感波长范围是有差异的。在实际应用中，光电传感器必须和光信号源以及光学系统在光谱特性上相匹配。因此，研究掌握光电传感器的光谱响应特性极为重要。

2.3.1　实验目的、内容与要求

2.3.1.1　实验目的

了解光电二极管、热释电传感器的基本特性以及两者之间的主要差别，掌握比较测量方法的基本思想和调制技术的具体运用。

2.3.1.2　实验内容与要求

（1）用热释电传感器测量单色仪出射光的光谱辐射功率分布曲线，在相同条件下测量光电二极管对单色仪出射光的光谱响应曲线（基础内容）。

（2）测量光电二极管响应时间（拓展内容）。

2.3.2   简要原理

2.3.2.1   光电二极管

光电二极管的核心部分是一个半导体 PN 结，其基本工作原理是内光电效应。当在反向电压作用下的半导体 PN 结受到光照射时，如果入射光子的能量大于材料禁带宽度，则在 PN 结内部产生电子–空穴对。光生电子和光生空穴朝着不同方向运动，从而入射的光能转变为流过 PN 结的电流（即光电流）。

2.3.2.2   热释电传感器

热释电传感器是利用热电晶体的热释电效应制成的光电传感器，热电晶体由于自发极化使得在垂直于自发极化方向的表面上产生束缚电荷（一面是正束缚电荷，另一面是负束缚电荷）。但是，由于外部悬浮电荷的中和作用，平常观察不到面束缚电荷的存在。当晶体温度变化时，由于自发极化产生的束缚电荷迅速发生变化，而悬浮电荷的变化较慢，从而在晶体两端出现多余的电荷。

实际应用中，一般在热释电晶体表面涂一层黑吸收层，以尽量吸收入射光能量，提高传感器的灵敏度。

2.3.2.3   光谱响应度

光谱响应度，也称为光谱响应灵敏度，是指光电传感器对单色入射光的响应能力，是光电传感器的基本性能参数之一。

定义光谱响应度 $R(\lambda)$，表示波长为 λ、单位功率入射光照射下光电传感器输出的电压或电流，则有

$$R(\lambda) = \frac{V(\lambda)}{P(\lambda)}, \text{ 或 } R(\lambda) = \frac{I(\lambda)}{P(\lambda)} \tag{2-7}$$

式中 $P(\lambda)$——波长为 λ 的入射光的功率；

$V(\lambda)$，$I(\lambda)$——光电传感器在波长为 λ、功率为 $P(\lambda)$ 的入射光照射下的输出电压或电流。

对于光电二极管，根据内光电效应的原理可知，其光谱响应度是随入射光的波长变化的。但对于热释电传感器，由于信号输出与热电晶体的温度变化量成正比（假设入射光被全部吸收），其光谱响应不随入射光波长变化。

2.3.2.4   比较测量方法和调制技术

根据式（2-7），若想测量得到光电传感器的光谱响应度，必须首先知道入射光在各个波长处的功率。然而，实际光源（如卤素灯）在各个波长处的辐射功率是不同的。

为了知道光源的单色辐射功率 $P(\lambda)$，需要借助基准传感器。换句话说，需要一个光谱响应度已知（假设为 $R_1(\lambda)$）的传感器作为基准，根据它测量光源时的输出电压 $V_1(\lambda)$ 或输出电流 $I_1(\lambda)$，即可计算得到光源的单色辐射功率 $P(\lambda) = V_1(\lambda)/R_1(\lambda)$ 或 $I_1(\lambda)/R_1(\lambda)$。进一步地，再用待测光电传感器测量同一光源，根据其输出电压 $V_2(\lambda)$ 或输出电流 $I_2(\lambda)$，即可计算得到待测光电传感器的光谱响应度 $R_2(\lambda) = V_2(\lambda)/P(\lambda)$ 或 $I_2(\lambda)/P(\lambda)$。

这种借助基准实现测量目的的方法，称为比较测量方法。

需要注意的是，热释电传感器只有热电晶体吸收光而产生温度变化时才输出信号，那么也只能传感调制或脉冲光辐射。所以，本实验中必须对光源进行调制，产生随时间变化的光信号，同时将传感器的输出信号通过选频放大器放大后进行测量，这种测量方法称为调制技术。本实验中把光源信号进行调制后，还可以大大降低环境光的干扰，因为选频放大器仅对调制频率附近的信号有放大作用，其他频率的信号不能通过选频放大器。

2.3.3　实验设备介绍

实验装置示意图如图 2-29 所示。该装置主要由光源、调制盘、光栅单色仪、选频放大器、光电传感器和示波器等组成。

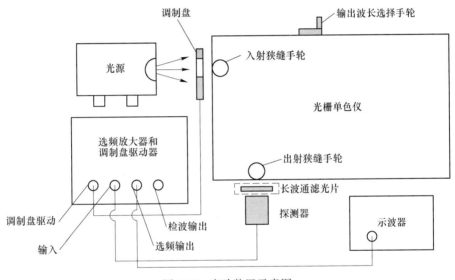

图 2-29　实验装置示意图

（1）光源。光源为卤素灯，发射光谱范围为 250~3500nm，发射光强通过面板上的"ADJUST"旋钮调节，如图 2-30 所示。

（2）调制盘。调制盘由同步电机带动旋转，用于对卤素灯发出的光束进行调制，如图 2-31 所示。

（3）光栅单色仪。光栅单色仪的作用是把卤素灯发出的复色光进行分光而得到单色光，其内部结构和光路示意图如图 2-32 所示。透过入射狭缝 S_1 的复色光被球面镜 M_1 反射变为平行光并入射到光栅 G 上，光栅衍射导致不同波长的光以不同的角度反射，其中照射到球面镜 M_2 上的衍射光，被会聚在出射狭缝 S_2 上。通过调节 S_2 的宽度，可以控制单

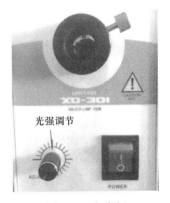

图 2-30　卤素灯

色仪输出光的单色性。光路中，入射狭缝 S_1、出射狭缝 S_2 分别位于球面镜 M_1、M_2 焦平面上。

反射型光栅是单色仪能够实现分光的关键器件，它由镀金属表面上刻出的大量等间距

图 2-31　调制盘

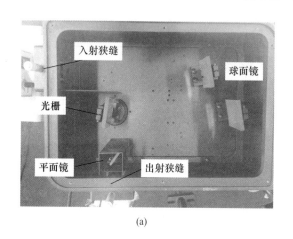

(a)

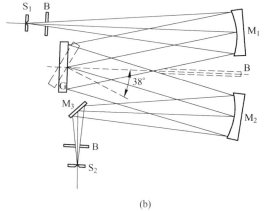

(b)

图 2-32　光栅单色仪内部机构（a）及光路（b）示意图

平行直槽构成。若设两相邻刻槽的间距为 d（称为光栅周期），则衍射光与入射光之间满足如下光栅方程

$$d(\sin\alpha + \sin\beta) = m\lambda, \quad m = 0, \pm 1, \pm 2, \cdots \tag{2-8}$$

式中　　α——入射角；

　　　　β——衍射角；

　　　　m——衍射级次；

　　　　λ——入射光波长。

　　光栅衍射示意图如图 2-33 所示。波长为 200nm 的光存在一级衍射、二级衍射、……它们分别对应不同的衍射角度；波长为 200nm 的一级衍射光与波长为 400nm 的二级衍射光对应着同一个衍射角度。要想在特定角度得到单一波长输出，需要借助滤光片把不想保留的光去除。因此，本实验中转动单色仪上的手轮使光栅转动，同时让入射和出射狭缝很窄，就可以在出射狭缝处得到各个波长成分（波长可在计数器上读出，单位是 Å，1Å = 0.1nm）。同时，当出射波长超过 700nm 时，需要放置长波通滤光片，以便滤除短波成分。

　　（4）选频放大器。本实验采用的选频放大器如图 2-34 所示。"调制盘驱动"端口与调制盘连接，用于驱动调制盘旋转；"输入"端口连接热释传感器或光电二极管，用于收集信号；"选频输出"端口与示波器相连，以便观测经选频放大后的信号。

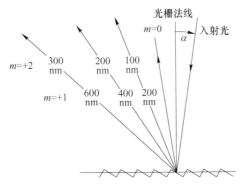

图 2-33 光栅衍射示意图

图 2-34 选频放大器

（5）光电传感器。本实验使用的光电传感器有热释电传感器和硅光电二极管两种，如图 2-35 所示。

(a)

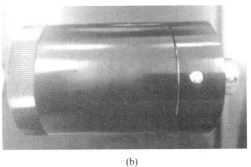
(b)

图 2-35 光电传感器
（a）热释电传感器；（b）硅光电二极管

（6）其他配件。其他配件主要有长波通滤光片（截止波长小于 700nm 的光）和光电探测器时间常数实验仪，如图 2-36 所示。

光电探测器时间常数测试实验仪中集成了两个光电探测器：峰值波长为 900nm 的光电二极管和可见光波段的光敏电阻，所需的光源分别是峰值波长为 900nm 的红外发光管和可见光（红色）发光管。光电二极管的偏压与负载电阻都是可调的，偏压分为 5V、10V、15V 三档，负载电阻分为 100Ω、1kΩ、10kΩ、50kΩ、100kΩ 五档。根据需要，光

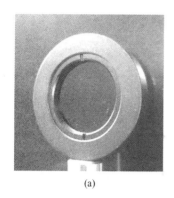
(a)

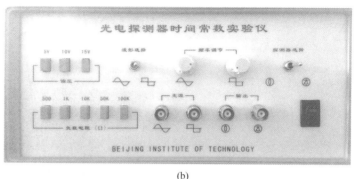
(b)

图 2-36　长波通滤光片（a）和光电探测器时间常数实验仪（b）

源的驱动电源有脉搏冲和正弦波两种，并且频率可调。

2.3.4　实验操作规程及主要现象

（1）用热释电传感器测量单色仪出射光的光谱辐射功率分布曲线，在相同条件下测量光电二极管对单色仪出射光的光谱响应曲线（基础内容）。

1）检查连接线，如图 2-29 所示。

2）打开卤素灯光源，逆时针旋转光强调节旋钮使光尽量微弱；将调制盘置于光源和单色仪入射狭缝中间，打开选频放大器电源；调整光源、调制盘位置，使光源与入射狭缝的距离较近，且调制后的光斑完全覆盖入射狭缝，如图 2-37 所示。

图 2-37　光源、调制盘及狭缝位置关系

3）旋转单色仪狭缝上部的手轮，分别将入射狭缝、出射狭缝宽度设为较小数值（例如为 0.5mm，可通过手轮读数），旋转波长调节手轮使计数器显示 600nm，如图 2-38 所示。注意：若所用光栅为 600 线/mm（71MS3012 型单色仪），实际出射波长为计数器显示值的两倍，单位是 Å；若所用光栅为 1200 线/mm（GCS-GDTC 单色仪），实际出射波长等于计数器显示值，单位是 Å。

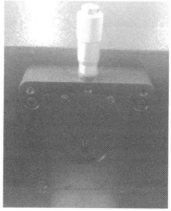

图 2-38　入射狭缝、出射狭缝及波长调节

4）在单色仪出射狭缝处摆放硅光电二极管（注意：此时不摆放长波通滤光片），同时观察示波器显示。调节硅光电二极管的高度和位置（注意：预留好下步摆放长波通滤光片的空间）以及卤素灯上的光强调节旋钮，使示波器信号峰峰值较接近 15V（例如为13V 左右），固定并标记硅光电二极管的位置，如图 2-39 所示。

注意：信号峰峰值不应大于 15V，以免探测器或放大电路饱和；信号峰峰值也不应过小，否则信噪比不高。

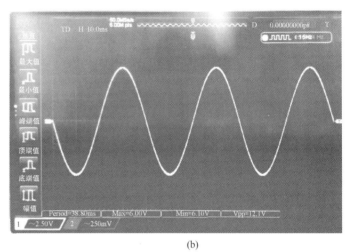

(a)   (b)

图 2-39　摆放硅光电二极管（a）并使信号峰峰值较大（b）

5）在所标记位置摆放热释电传感器，调整其高度和偏转使示波器上的信号峰峰值最大。调节单色仪上的波长手轮，从 400nm 开始每间隔 20nm 记录一次信号峰峰值，直至波长为 1000nm。注意：当测量波长超过 700nm 时在探测器与出射狭缝之间放置长波通滤光片（见图 2-40）；测量过程中除了调节波长手轮外，其他一律保持不动。

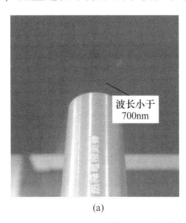

(a)   (b)

图 2-40　热释电探测器测量

(a) 波长小于 700nm；（b) 波长大于 700nm

6）重复 5）（热释电传感器替换为硅光电二极管），如图 2-41 所示。注意：测量过程中除了调节波长手轮外，其他一律保持不动。

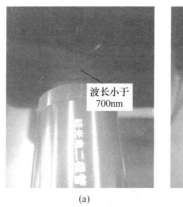

(a)   (b)

图 2-41　硅光电二极管测量

（a）波长小于 700nm；（b）波长大于 700nm

7）实验完毕，将单色仪上的波长手轮调节至 600nm 波长处，关闭各仪器电源。

（2）测量光电二极管响应时间（拓展内容）。

1）按照图 2-42 所示连接仪器。在光电探测器时间常数实验仪上将"波形选择"开关拨至右侧脉冲档，将"探测器选择"开关拨至右侧光电二极管档。

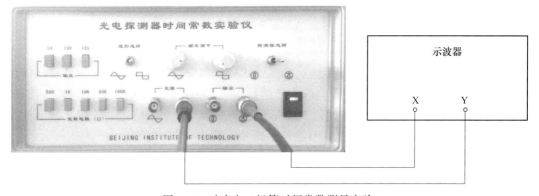

图 2-42　硅光电二极管时间常数测量实验

2）打开设备电源，调整示波器显示两路信号，其中一路为方波，另一路为光电二极管的信号波形。在光电探测器时间常数实验仪上调节"频率调节"中的右侧旋钮，调整示波器并观察信号变化。

3）在光电探测器时间常数实验仪上选择"负载电阻 10kΩ"，然后在分别选择"偏压 5V""偏压 10V""偏压 15V"的条件下，测量并记录光电二极管的响应时间（见附录 A）。

4）与 3）类似操作，在光电探测器时间常数实验仪上选择"偏压 15V"，测量并记录光电二极管在不同负载电阻下的响应时间。

需要注意的是，在上述改变偏压、改变负载电阻的测量过程中，应避免出现波形（因为光电二极管上升响应尚未完全稳定就开始衰减）。若出现类似波形，可调节光电探测器时间常数实验仪上的频率调节旋钮，应适当降低光源频率，使响应波峰的顶部存在一段平台。

5）实验完毕，关闭各仪器电源。

2.3.5 数据记录、处理与误差分析

2.3.5.1 数据记录与处理示例

测量数据记录与处理见表 2-8。

表 2-8 测量数据

波长 /Å	热释电探测器信号峰峰值 /V	硅光电二极管信号峰峰值 /V	光谱功率 相对值	响应度
4000	0.19	0.47	0.24	1.95
4200	0.19	0.57	0.24	2.37
4400	0.22	0.65	0.27	2.40
4600	0.24	0.70	0.30	2.32
4800	0.26	0.80	0.32	2.48
5000	0.45	1.60	0.56	2.84
5200	0.68	2.68	0.84	3.18
5400	0.89	3.53	1.11	3.17
5600	1.18	5.42	1.48	3.66
5800	1.55	7.42	1.94	3.83
6000	1.88	10.33	2.35	4.39
6200	2.37	11.33	2.96	3.83
6400	2.53	12.29	3.17	3.88
6600	2.73	14.67	3.42	4.29
6800	2.87	15.08	3.58	4.21
7000	2.32	14.33	2.90	4.95
7200	2.07	14.33	2.58	5.55
7400	1.88	13.42	2.35	5.70
7600	1.92	12.50	2.40	5.22
7800	1.80	12.50	2.25	5.56
8000	1.77	13.25	2.21	6.00
8200	1.48	12.33	1.85	6.65
8400	0.98	8.08	1.22	6.63
8600	0.84	7.08	1.05	6.73
8800	0.73	7.17	0.92	7.82
9000	0.59	5.58	0.74	7.55

续表 2-8

波长 /Å	热释电探测器信号峰峰值 /V	硅光电二极管信号峰峰值 /V	光谱功率 相对值	响应度
9200	0.56	5.50	0.70	7.88
9400	0.53	5.17	0.66	7.87
9600	0.48	4.42	0.60	7.37
9800	0.45	3.67	0.57	6.46
10000	0.48	2.77	0.60	4.62

注：1Å=0.1nm。

根据测量数据绘制硅光电二极管的光谱响应曲线，如图 2-43 所示。

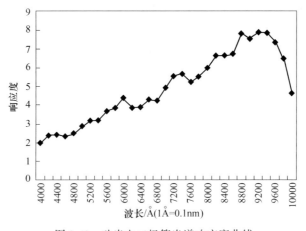

图 2-43　硅光电二极管光谱响应度曲线

实验结果表明，硅光电二极管的响应度有最大值，对应于约 920nm 波长附近。

2.3.5.2　误差原因分析

（1）实验过程中虽然标记了探测器摆放位置，但更换探测器时仍然存在一定程度的位置偏差，将对测量结果产生影响。

（2）在开始测量数据之前，预先调节信号强度，以避免探测器或放大器饱和，若信号未调节到位（过大或过小），容易导致探测器响应失真，则最终得到的响应度曲线不正确。

（3）实验中假设波长小于 700nm 的光被长波通滤光片截止，实际上，滤光片对于 700nm 波长以下的光有一定透过率，这将导致测量结果的误差。

2.3.6　实验操作拓展

（1）单色仪的入射和出射狭缝宽度不仅与信号强度相关，还与光谱分辨率相关。试通过实验研究狭缝宽度变化对测量结果的影响。

（2）基于本实验装置，设计搭建光路，测量光电倍增管的光谱响应曲线。

3 半导体物理实验

半导体技术是当前最为重要的科学技术之一，其发展水平已经成为一个国家综合实力的重要组成部分。用半导体制成的各种器件有着极为广泛的应用，从人们的日常生活到航空航天等高科技领域，都离不开半导体技术。在人类社会进入信息时代的今天，半导体技术正发挥着越来越大的作用，特别是集成电路和大规模集成电路，已成为现代电子和信息产业乃至现代工业的基础。在微电子领域，锗、硅起到特别重要的作用，当前以硅材料为基础的微电子技术构成了现代信息技术的主体。

本章实验所涉及的实验方法和技术是现代科学中研究半导体材料的一个重要组成部分。通过这些实验，旨在掌握半导体材料的某些重要参数和特性的测量方法，理解决定和影响这些物理参数的内在机制。将半导体物理的基础理论知识融会贯通到实际应用，并为将来深入学习半导体科学以及开展相关科学研究打下坚实的基础。

3.1 X 射线衍射实验

1895 年德国科学家伦琴（W. C. Röntgen）在用克鲁克斯管研究阴极射线时，发现了一种人眼不能看到，但可以使铂氰化钡发出荧光的射线，称为 X 射线。1912 年劳厄（M. Von Laue）等人发现了 X 射线在晶体中的衍射现象，证实了 X 射线本质上是一种波长很短的电磁辐射，其波长在 10^{-2} ~10nm 之间。X 射线具有很强的穿透物质的本领，是不带电的粒子流，波长与晶体中原子间的距离为同一数量级，照射到晶体内部周期排列的原子或离子形成散射，从而显示与晶体结构特征相对应的衍射谱线。目前，X 射线衍射成为研究晶体结构的有力工具。

3.1.1 实验目的、内容与要求

3.1.1.1 实验目的

通过使用 X 射线衍射仪对半导体晶体样品（如 Si 粉末）进行检测和分析，了解半导体材料晶格结构的基本知识以及 X 射线衍射仪的结构和工作原理，掌握利用 X 射线衍射进行物相分析的基本方法。

3.1.1.2 实验内容与要求

（1）测量 Si 粉末的 X 射线衍射谱图，并通过计算，指出每个衍射峰位对应的晶面指数（基础内容）。

（2）使用 X 射线衍射仪对钛白粉进行衍射谱图检测和成分分析（拓展内容）。

3.1.2 简要原理

3.1.2.1 X 射线的产生

实验中通常使用 X 光管来产生 X 射线。在抽成真空的 X 光管内，当由热阴极发出的

电子经高压电场加速后，高速运动的电子轰击由金属做成的阳极靶时，靶就发射 X 射线。发射出的 X 射线分为两类：

（1）如果被靶阻挡的电子的能量不超过一定限度时，发射的是连续光谱的辐射，这种辐射称为轫致辐射。轫致辐射的主要能量就会集中于 X 射线频率范围内。

（2）当电子的能量超过一定的限度时，可以发射一种不连续的、只有几条特殊的谱线组成的线状光谱，这种发射线状光谱的辐射称为特征辐射。连续光谱的性质和靶材料无关，而特征光谱和靶材料有关，不同的材料有不同的特征光谱，X 射线的激发机理如图 3-1 所示。

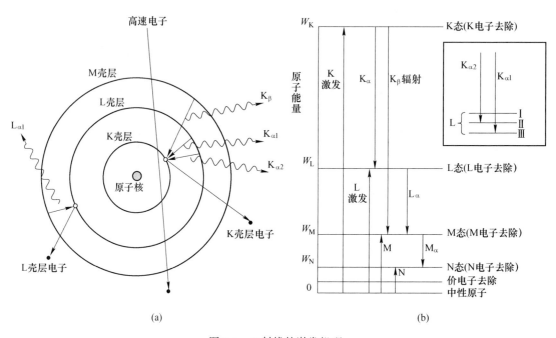

图 3-1 X 射线的激发机理

（a）内壳层电子跃迁示意图；（b）能级跃迁示意图

3.1.2.2 X 射线在晶体中的衍射

晶体中原子间的距离正好与 X 射线的波长属于同数量级，这些规则排列的原子可以形成一系列具有不同间距的晶面结构，晶面中的原子对 X 射线形成散射，散射的 X 射线在某些方向上强度得到加强，从而显示 X 射线在晶体中的衍射。图 3-2 是晶体中的晶面结构示意图。

3.1.2.3 Bragg 公式

晶体的晶面结构用晶面指标 $h^*k^*l^*$ 表示，$h^*k^*l^*$ 是有理指数定律决定的三个互质的整数，晶面间距以 $d_{h^*k^*l^*}$ 表示。若入射 X 射线与晶面的入射角为 θ（见图 3-3），则反射 X 射线发生衍射时应

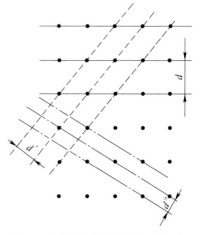

图 3-2 晶体中的晶面结构示意图

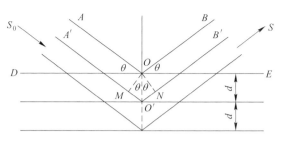

图 3-3　X射线在晶面的衍射与反射

满足如下 Bragg 公式，我们也将 X 射线衍射称为 Bragg 衍射。

$$2d_{h^*k^*l^*}\sin\theta_{hkl} = n\lambda \tag{3-1}$$

3.1.3　实验设备介绍

本实验使用的仪器是 TD-3500 型 X 射线衍射仪（丹东通达），衍射仪如图 3-4 所示。该衍射仪主要应用于粉末、块状或薄膜样品的物相定性、定量分析、晶体结构分析、材料结构分析、晶体的取向性分析、宏观应力或微观应力的测定、晶粒大小测定、结晶度测定等。

X 射线衍射仪主要由 X 射线发生器（X 射线管）及高压单元、测角仪、X 射线探测器、循环水冷却装置、计算机控制处理系统等组成，衍射仪结构简图如图 3-5 所示。

图 3-4　TD-3500 型 X 射线衍射仪

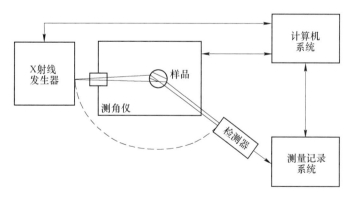

图 3-5　X射线衍射仪结构简图

3.1.3.1　X 射线发生器（X 射线管）及高压单元

X 射线管包含有阳极和阴极两个电极，分别为接受电子轰击的靶材和发射电子的灯丝，两极均被密封在高真空的玻璃或陶瓷外壳内，X 射线管及其结构原理图如图 3-6 所示。X 射线管供电部分至少包含有一个使灯丝加热的低压电源和一个给两极施加高电压的高压发生器。当钨丝通过足够的电流时使其产生电子云，且有足够的电压（千伏等级）

加在阳极和阴极间，使得电子云被拉往阳极。此时电子以高能高速的状态撞击金属靶，高速电子到达靶面，运动突然受到阻止，其中一小部分动能转化为轫致辐射，产生 X 射线。由于受高能电子轰击，X 射线管工作时温度很高，需要对阳极靶材进行强制冷却。

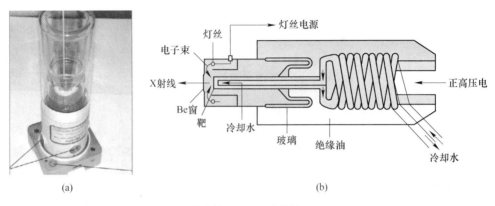

图 3-6　X 射线管（a）及其结构原理图（b）

改变灯丝电流的大小可以改变灯丝的温度和电子的发射量，从而改变管电流和 X 射线强度的大小。改变 X 射线管激发电位或选用不同的靶材可以改变 X 射线的出射波长，常用的有铜(Cu)、钴(Co)、钼(Mo)、铁(Fe)、铬(Cr)、钨(W) 和银(Ag) 等。若 X 射线管采用铜靶，且在加速高压 40kV 的电子轰击下，产生的 X 射线波长为 Cu $K_{\alpha 1}$：$1.5406\text{Å}(1\text{Å} = 10^{-10}\text{m})$。

3.1.3.2　测角仪

测角仪是衍射仪的重要组成部分，由两条摆臂、主体部分、底座部分和各种附件构成 X 射线光路系统。它的用途是在记录控制单元控制下，固定在两条摆臂上的 X 射线管和 X 射线探测器（信号采集器）围绕衍射圆转动，对放在样品架上的待测样品进行 X 射线衍射，测角仪精确地测出样品的衍射角度，探测器记录下在各衍射角度下的样品衍射强度。

测角仪主要是根据聚焦圆原理设计制造而成，如图 3-7 所示。测角仪必须满足下列条

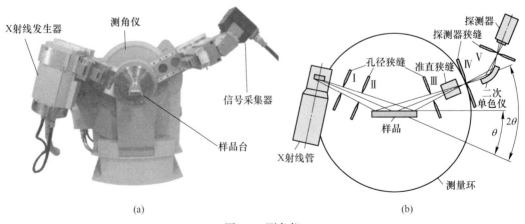

图 3-7　测角仪

（a）实物；（b）主要结构

件，才能工作。

（1）X射线管的焦点、样品表面、接收狭缝必须在同一衍射聚焦圆上，样品表面必须与测角仪主轴中心线共面。

（2）探测器和X射线管必须严格地按1:1的转动关系。

（3）样品表面应该保持水平，必须始终和聚焦圆相切。

测角仪的聚焦衍射光路如图3-8所示。

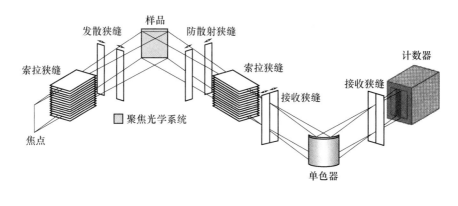

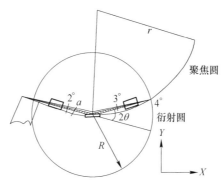

图3-8　测角仪聚焦光学系统原理

（R—衍射圆半径；r—聚焦圆半径）

光路系统中主要包括：X射线光束狭缝、样品台、衍射光束狭缝、探测器等附件。

索拉狭缝是一组长度 L 为 10~30mm、厚度 h 为 0.05mm 原子序数较高的金属箔片，以间隔 S 为 0.75mm 左右叠成，用来限制 X 光垂直发散度 δ，满足 $S/F = \tan\delta/2$。δ 值变大，衍射角偏离正确位置，非对称加宽，分辨率降低，X 射线的强度增大。索拉狭缝的技术数据为：$L = 26$mm，$S = 0.75$mm，$h = 0.05$mm，材质为钽（Ta）片。

发散狭缝是插板式的，用途是限制投射到样品表面初级 X 射线的水平发散度，共有 $1/6°$、$1/2°$、$1°$、$2°$ 四种。发散狭缝的选择应根据 X 射线强度，分辨率和扫描范围来选择，发散狭缝的大小应该使所有角度下的 X 射线束的横截面积都要比样品的宽度窄。如果增大发散狭缝，衍射线向低角度方向移动，对称性变坏，分辨率降低，X 射线强度增加。

样品台用锥度 1:20 锥孔与测角仪主轴连接。共备有 15 块样品板（其中 10 块通孔，5 块为深度 0.2~0.3mm 的盲孔板），这些样品板开有 20mm×16mm 大小的口供压装样品用。每块样品板基面不平误差不大于 0.005mm，确保压装样品后使样品表面与测角仪主轴共面，保证工作时衍射的聚焦条件。

衍射光束狭缝由防散射狭缝、索拉狭缝和接收狭缝组成。防散射狭缝用来控制样品衍射线的水平发散度，共备有 1/6°、1/2°、1°、2°、4° 五种，用来减少非相干散射及本底等因素造成的背景，使探测器只接收样品表面的辐射，提高峰背比，发散狭缝和防散射狭缝配对使用（即同样的角度数值）。衍射端的索拉狭缝同入射端的索拉狭缝功能相同，其技术数据相同。接收狭缝是用来控制衍射线进入探测器的水平宽度，共有 0.05mm、0.1mm、0.2mm、0.4mm、2mm 五种，实验中选用的接收狭缝宽度的大小，对衍射线的强度和分辨率都有很大影响。选择接收狭缝的宽度大时，使 X 射线强度增大，分辨率变坏，背景增加，峰背比降低。分析样品要求的分辨率较高时，接收狭缝应该选择窄些，一般应在 0.2mm 以下；当要精确测定积分强度时，接收狭缝宽度应在 0.2mm 以上。

3.1.3.3　X 射线探测器

衍射仪中常用的探测器是闪烁计数器（SC），一般是用微量铊活化的碘化钠（NaI）单晶体制作而成。它在 X 射线辐照下产生可见光波长的荧光，用光电倍增管放大约 10^6 倍后，输出约几毫伏的脉冲电信号。由于输出的电信号和计数器吸收的 X 光子数成正比，因此可以用来测量衍射线的强度。

3.1.3.4　循环水冷却装置

循环水冷却装置主要用于调节仪器温度，从而达到增加仪器工作效率、精准精度、降低辐射的作用。

水压为 $2.5 \sim 4 \text{kg/cm}^2$，水流量为 $16 \sim 40 \text{L/min}$，水质达到纯净水的质量，水温在 $0 \sim 50 \text{℃}$。采用压缩机制冷，水温控制在 $20 \sim 30 \text{℃}$。当水温高于 30℃ 时压缩机启动，当水温低于 20℃ 时压缩机停止。

3.1.3.5　计算机控制处理系统

计算机控制处理系统主控程序名称 "TDXRD"，启动后显示界面如图 3-9 所示。其主要功能分为四大部分：样品扫描，附件，仪器控制，设置选项。

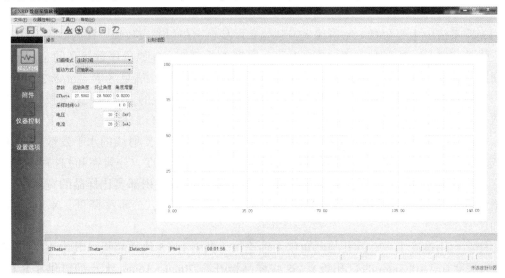

图 3-9　启动后显示界面

3.1.4　实验操作规程及主要现象

需要特别注意，在实验过程中坚决禁止自行改变仪器的系统参数行为。准备测试的样品颗粒尺寸应小于$48\mu m$（300目），否则将不能得到有效的数据。如果遇到紧急情况可以点击主机前面板右方的"紧急"按钮，急停主机。

（1）测量Si粉末的X射线衍射谱图，并通过计算，指出每个衍射峰位对应的晶面指数（基础内容）。

1）打开冷却水。将温度控制在20℃附近，保障其正常运行。

2）开主机。打开主机背面的总电源，待开机自检后，将主机前面板的钥匙旋转至"ON"位置。主机预热10min后，点击触摸板X射线高压发生器"启动"按钮，高压启动正常后继续预热20min方可开展测试。注意：高压一旦开启，须按下主机前面板左侧"SAFETY"按钮，触发仪器门安全连锁开关，以防射线散射出仓外，指示灯亮为打开状态，灯灭为关闭状态；每次打开玻璃门前，必须先确认安全连锁开关状态，若指示灯亮则按下主机前面板左侧"SAFETY"按钮后，才能打开玻璃门，否则高压将自动关闭，导致X射线管寿命减少甚至损坏。

3）制样。使用盲孔样品板压制样品，其压制平面要与样品面相平，样品压制时的状态要保证颗粒均匀分布。

4）放样。打开玻璃门，将制好的样品放在样品台上，保证样品位于中轴线位置。关闭铅玻璃门，按下主机前面板左侧"SAFETY"按钮，以防射线散射。

5）连机。打开计算机控制处理系统"TDXRD"，点击"仪器控制"栏中的"连接"，将上位机与仪器连接。注意：如果程序无响应说明连接失败，请检查线是否插好。在程序右下角如果显示"已连接仪器"，说明连接成功，如图3-10所示。

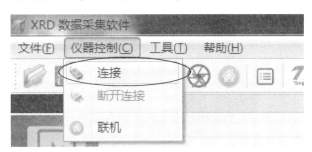

图3-10　连接仪器

6）设置样品扫描参数。选择"样品扫描"选项，设置扫描模式"步进扫描"，驱动方式"双轴联动"，起始角度"20"，终止角度"100"，角度增量"0.02"，采样时间"0.2"，电压"40"，电流"20"。

7）设置光路系统。点选左侧"设置选项"，在弹出窗口中选择左侧"光路系统"，确认靶材选择"Cu-1.540562"，探测器为"闪烁探测器"，滤光片为"（无）None"，单色器为"（无）None"，发散和防散射狭缝为"1"，接收狭缝为"0.2"，测角仪类型为$\theta_s - \theta_a$，如图3-11所示。

8）设置保存扫描结果。点选"设置选项"左侧"扫描结果"选项，确认结果保存

图 3-11　光路系统设置

中，文件类型选中"Mdi jade（*.mdi）"和"Text（*.txt）"。设置文件名，以及存盘路径。选中"文件名追加日期时间"和"扫描完成自动保存结果"，如图 3-12 所示。确认设置完毕后，点击下方"OK"按钮保存。

图 3-12　扫描结果保存设置

9）扫描测试。点击菜单栏"测角仪联机回到初始零点位置"按钮（见图 3-13），点击"开始扫描"按钮，系统就进入样品图谱扫描，系统对衍射数据进行收集，并实时在计算机上形成衍射谱图。

10）测试完成后，数据自动保存到 8）设置的存盘路径。

11）退出测试程序。测试完成后，确认仪器恢复至初始状态，Theta 角"6"，Detector 角"6"，电压"10"，电流"5"。点击菜单栏"文件"，选择"退出"按钮，退出测试程序，如图 3-14 所示。

12）取样。按下主机前面板左侧"SAFETY"按钮后，打开玻璃门，将测试完的样品从样品台上取出，关闭铅玻璃门。

图 3-13 测角仪联机回到初始零点位置按钮

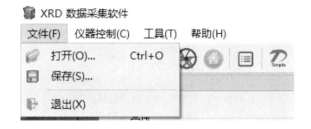

图 3-14 菜单文件栏

13）关闭主机。点击触摸板 X 射线高压发生器"停止"按钮，关闭高压，将主机前面板的钥匙旋转至"OFF"位置，关闭主机背面的总电源。

14）关闭冷却水。

（2）使用 X 射线衍射仪对钛白粉进行衍射谱图检测和成分分析（拓展内容）。

1）测试前准备，执行"基础内容"（1）中 1）~5）过程。

2）点击软件的"附件"功能，选择钛白粉测试（见图 3-15），参数使用默认值，如需修改请按教师要求修改，禁止自行对参数更改的行为。输入样品保存的文件名，确认存盘路径，点击菜单"开始扫描"，系统就进入样品图谱扫描。

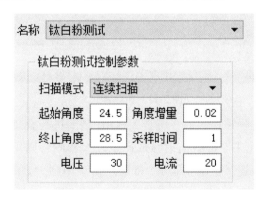

图 3-15 钛白粉测试控制参数

3）出现如图 3-16 中的提示，表示扫描完成。此时软件将自动计算，并显示钛白粉中金红石和锐钛矿的成分结果，点击"OK"按钮关闭弹框。

4）测量结束，执行"基础内容"（1）中 11）~14）过程，完成关机。

3.1.5 数据记录与处理

本实验的数据记录和处理均由软件完成，使用 Jade 进行 XRD 物相分析的主要环节包

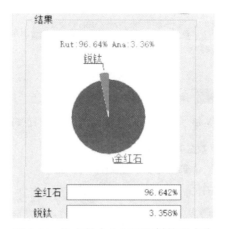

图 3-16　钛白粉中金红石和锐钛矿成分

括：文件导入、扣除背底、平滑、检索。

（1）点击桌面"MDI Jade 7"应用程序。

（2）文件导入。依次点击"File→Read→选择要分析的文件→打开"即可。

（3）扣除背底。鼠标左键双击工具栏的 BG 图标，自动扣除背景，如图 3-17 所示。

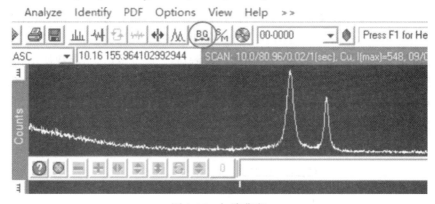

图 3-17　扣除背底

（4）平滑。当谱图的噪声严重时，需要对 XRD 谱图进行合理平滑。平滑时单击工具栏的 图标，若平滑操作未对曲线衍射峰形产生较大影响，则可进行一次平滑，或者多次平滑。取消平滑操作点击 图标即可。依次点击菜单栏"File→Save→Primary Pattern as ＊.txt"，将平滑后的数据导出，用于作图。

（5）检索。检索方法分为快速检索和手动检索两类。

快速检索只需点击工具栏 图标，计算机自动选出与测试数据关联的物相，再通过人工对比即可选出匹配的物相。

手动检索过程如下：

1）鼠标右键单击 ，弹出对话框，如图 3-18 所示。

2）根据图 3-19 的提示，勾选合适的晶体数据库子集和合理的限制条件，例如，材料中含有的元素。

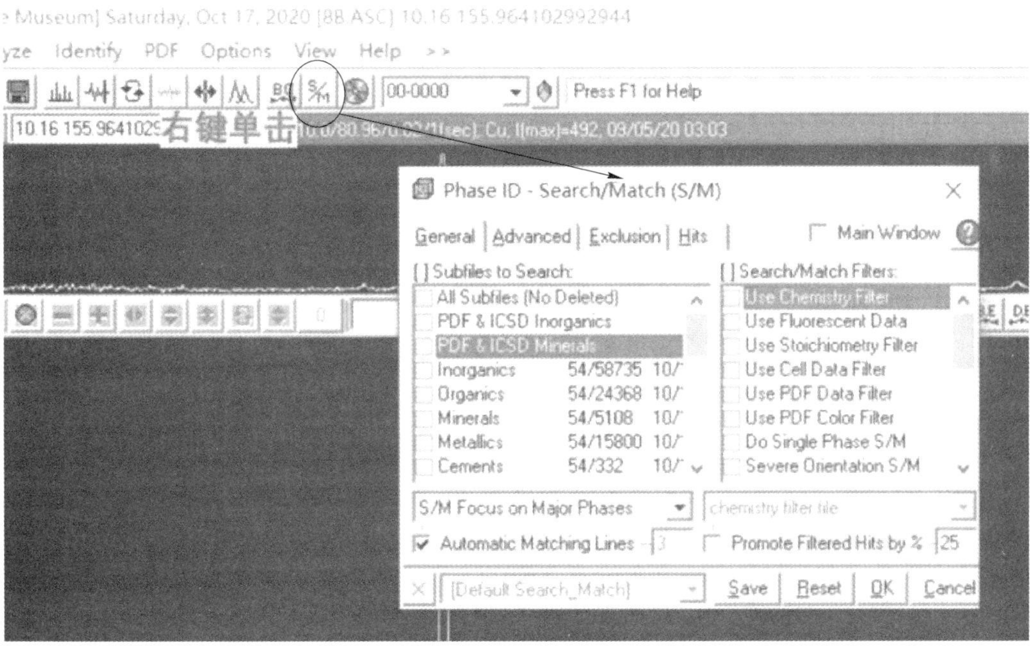

图 3-18　手动检索

图 3-19　限制条件

3）若勾选"Use Chemistry Filter"，弹出选择化学元素的对话框，选择合适的元素之后（见图 3-20），点击"OK"按钮。

4）再点击"OK"按钮，开始检索，如图 3-21 所示。

5）出现物相匹配窗口，注意该窗口的下部有一列 FOM 值，其中 FOM 表示匹配度，FOM 值越小，匹配度越高。

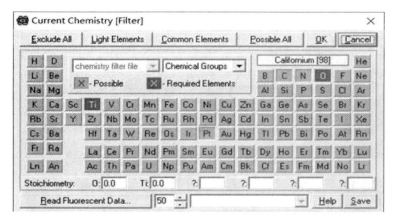

单击某元素，
变为蓝色字体，
为可能存在的元素

再次单击该元素，
则变成深绿色底色，
代表一定存在的元素

图 3-20　选择合适的元素

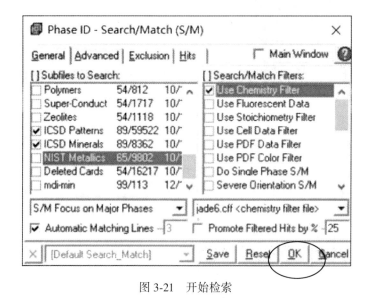

图 3-21　开始检索

6）勾选匹配度高（FOM 值大）的数据行，在上方黑色框中可以显示峰对应的情况。注意观察，各峰都找到对应的物相后，点击界面左上角的保存。

3.1.6　实验操作拓展

（1）测试的样品颗粒尺寸应小于 48μm（300 目），若样品颗粒尺寸不断减小，测试结果会怎样？

（2）为了提高 X 射线衍射仪器谱图的分辨率，要求采用接近于单色的 X 射线源，X 射线单色性越好，其峰背比越高，分辨率越高。常用 X 射线单色化的方法有滤波片法和石墨单色器法，它们分别是什么原理？

3.2　半导体材料电阻率测量实验

半导体材料的电阻率，是判断材料掺杂浓度的一个主要参数。在 10^5 个硅原子中掺入一个硼原子，就可以使纯硅的导电性能增加 10^3 倍，因此掺杂对半导体的导电性能具有很大影响。目前，测定半导体材料的电阻率的方法主要有四探针法、三探针法和扩展电阻法等。其中，四探针法是一种广泛采用的标准方法，在半导体工艺中最为常用，其主要优点是设备简单、操作方便、精确度高、对样品的几何尺寸无严格要求。

3.2.1 实验目的、内容与要求

3.2.1.1 实验目的

通过用四探针法测量半导体材料的电阻率，了解半导体材料的基本电学特性与材料中载流子浓度和迁移率的关系，掌握一种测量半导体材料的电阻率并进一步分析半导体材料基本电学特性的实验研究方法。

3.2.1.2 实验内容与要求

（1）测量给定薄片样品的电阻率和方块电阻（9 点），分析测试数据，得出标准差、不均匀度等重要参数结果，并根据测试结果得出样品的掺杂浓度（基础内容）。

（2）测量不同几何形状的样品，掌握其修正方法（拓展内容）。

3.2.2 简要原理

3.2.2.1 距离点电流源为 r 的点的电位关系

在半无穷大样品上的点电流源，若样品的电阻率 ρ 均匀，引入点电流源的探针其电流强度为 I，则所产生的电力线具有球面的对称性，即等位面为一系列以点电流为中心的半球面，如图 3-22 所示。

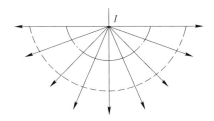

图 3-22 半无穷大样品点电流源的半球等位面

在以 r 为半径的半球面上，电流密度 j 的分布是均匀的，其值为：

$$j = \frac{I}{2\pi r^2} \tag{3-2}$$

若 E 为 r 处的电场强度，则

$$E(r) = \rho j = \frac{I\rho}{2\pi r^2} \tag{3-3}$$

取无穷远处的电位为零，由电位差与电场强度关系可得

$$V(r) = \int_\infty^r - E(r)\,dr = \frac{I\rho}{2\pi} \cdot \frac{1}{r} \tag{3-4}$$

上式就是半无穷大均匀样品上，距离点电流源为 r 的点的电位与探针注入电流和样品电阻率的关系式，它代表了一个点电流源对距离 r 处点的电势的贡献。

3.2.2.2　四探针法测量半无穷大均匀样品电阻率

利用点电流源向样品中注入小电流形成等电位面，通过检测样品不同部位的电位差，并根据理论计算推导可得出样品电阻率。

图 3-23 中，四根探针位于样品中央，电流 I 从探针 1 流入、从探针 4 流出，则可将探针 1 和 4 认为是点电流源，由式（3-4）可知，探针 2 和 3 的电位为

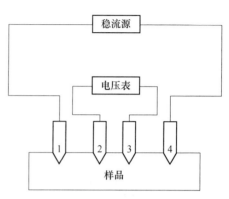

图 3-23　四探针法测量样品电阻率示意图

$$V_2 = \frac{I\rho}{2\pi S_2} - \frac{I\rho}{2\pi(S_2 + S_3)}$$

$$V_3 = \frac{I\rho}{2\pi(S_1 + S_2)} - \frac{I\rho}{2\pi S_3}$$

探针 2 和 3 的电位差为：

$$\Delta V = V_2 - V_3 = \frac{I\rho}{2\pi}\left(\frac{1}{S_1} + \frac{1}{S_2} - \frac{1}{S_2 + S_3} - \frac{1}{S_1 + S_2}\right)$$

$$(3-5)$$

若四探针在同一直线上，且等间距分布（$S_1 = S_2 = S_3 = S$），由上式可得出样品的电阻率为：$\rho = 2\pi S\left(\dfrac{\Delta V}{I}\right)$。

我们只需测出流过探针 1 和 4 的电流 I，以及探针 2 和 3 间的电位差 ΔV，代入四根探针的间距，就可以求出该样品的电阻率 ρ。式（3-5）就是常见的直流四探针（等间距）测量电阻率的公式，也是本实验要用的测量公式之一。需要指出的是：这一公式是在半无限大样品的基础上导出的，实用中必须满足样品厚度及边缘与探针之间的最近距离大于四倍探针间距，这样才能使该式具有足够的精确度。

3.2.2.3　非理想情况电阻率修正

如果被测样品不是半无穷大，而是厚度和横向尺寸一定，由于探针流入导体的电流会被样品的边界反射（非导电边界）或吸收（导电边界），分别使电压探针处的电位升高或降低，这时直接采用式（3-5）测量所得的电阻率将不准确，需要做近似修正。

（1）薄圆片（厚度不小于 4mm）电阻率公式：

$$\rho = \frac{V}{I} \times W \times F(D/S) \times F(W/S) \times F_{sp} \qquad (3-6)$$

式中　D——样品直径，注意与探针间距 S 单位一致，cm 或 mm；

　　　S——平均探针间距，注意与样品直径 D 单位一致（四探针合格证上的 S 值），cm 或 mm；

　　　W——样品厚度，在 $F(W/S)$ 中注意与 S 单位一致，cm；

　　　F_{sp}——探针间距修正系数（四探针合格证上的 F 值）；

$F(D/S)$——样品直径修正因子，当 $D \to \infty$ 时，$F(D/S) = 4.532$，有限直径下的 $F(D/S)$ 查表而得；

$F(W/S)$——样品厚度修正因子，$W/S < 0.4$ 时 $F(W/S) = 1$，$W/S > 0.4$ 时 $F(W/S)$ 值查表而得；

I——探针 1、4 流过的电流值，可参考表 3-1；

V——探针 2、3 间取出的电压值，mV。

表 3-1　电阻率测量时电流量程选择表（推荐）

电阻率/$\Omega \cdot cm$	电流量程
< 0.03	100mA
0.03~0.3	10mA
0.3~30	1mA
30~300	100μA
300~3000	10μA
>3000	1μA

（2）薄层方块电阻 $R_\square$：当被测样品的长度和宽度远大于探针间距时，即在样品无限薄的情况下，可视为二维平面。由电阻率可得到计算方块电阻 $R_\square$ 的表达式：

$$R_\square = \frac{V}{I} \times F(D/S) \times F(W/S) \times F_{sp}$$

式中　D——样品直径，注意与探针间距 S 单位一致，cm 或 mm；

　　　S——平均探针间距，注意与样品直径 D 单位一致（四探针合格证上的 S 值），cm 或 mm；

　　　W——样品厚度，在 $F(W/S)$ 中注意与 S 单位一致，cm；

　　　F_{sp}——探针间距修正系数（四探针合格证上的 F 值）；

$F(D/S)$——样品直径修正因子，当 $D \to \infty$ 时，$F(D/S) = 4.532$，有限直径下的 $F(D/S)$ 查表而得；

$F(W/S)$——样品厚度修正因子，$W/S < 0.4$ 时 $F(W/S) = 1$，$W/S > 0.4$ 时 $F(W/S)$ 值查表而得；

　　　I——探针 1、4 流过的电流值，可参考表 3-2；

　　　V——探针 2、3 间取出的电压值，mV。

表 3-2　方块电阻测量时电流量程选择表（推荐）

方块电阻/$\Omega \cdot \square^{-1}$	电流量程
<2.5	100mA
2.0~25	10mA
20~250	1mA
200~2500	100μA
2000~25000	10μA
>20000	1μA

3.2.3　实验设备介绍

本实验的测试装置是 RTS-8 型四探针测试仪，主要由探针测试台、测试系统、软件测试系统等组成，如图 3-24 所示。该仪器按照单晶硅物理测试方法国家标准并参考美国 A.S.T.M 标准设计，专用于测试半导体材料电阻率及方块电阻（薄层电阻）的仪器。

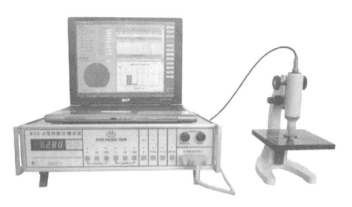

图 3-24 RTS-8 型四探针测试仪

3.2.3.1 探针测试台

四根排成一条直线的探针以一定的压力垂直地压在被测样品表面上，在探针 1、4 间通以电流 I，探针 2、3 间就产生一定的电压 V，如图 3-25 所示。

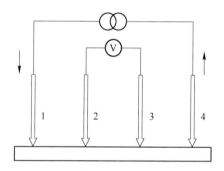

图 3-25 直线四探针排列示意图

四探针探头的基本指标：

（1）间距：（1±0.01）mm

（2）针间绝缘电阻：≥1000MΩ

（3）机械游移率：≤0.3%

（4）探针材质：碳化钨或高速钢材质，探针直径 0.5mm

（5）探针压力：5~16N（总力）

3.2.3.2 测试系统

测试系统采用 RTS-8 型四探针测试仪，其前面板示意图如图 3-26 所示。表 3-3 是前面板主要按键功能的使用说明。

3.2.3.3 软件测试系统

软件测试系统运行在计算机上，操作直观易用，通过计算机的并口与 RTS-8 型四探针测试仪连接实现通信。软件测试系统控制四探针测试仪进行测量并采集测试数据，把采集到的数据在计算机中加以分析，然后把测试数据以表格、图形直观地记录、显示出来。采集到的数据在计算机中保存或者打印以备日后查看和数据分析，软件测试界面如图 3-27 所示。

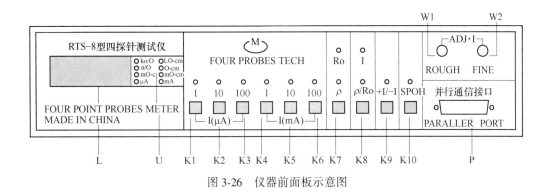

图 3-26　仪器前面板示意图

表 3-3　前面板主要按键功能说明

项　　目	说　　明
K1，K2，K3，K4，K5，K6	测量电流量程选择按键，1μA、10μA、100μA、1mA、10mA、100mA 共 6 个量程。当按相应的量程时，此量程按钮上方的指示灯会亮，各档电流连续可调
K7	"R□/ρ"测量选择按键，既是测量样品的方块电阻也是电阻率的选择按键，开机时自动设置在"R□"位。按下此按键会在这两种测量状态下切换，按键上方的相应的指示灯会亮，表示现处的测量类别
K8	"电流/测量"方式选择按键，开机时自动设置在"I"位；按下此按键会在这两种模式下切换，按键上方的相应的指示灯会亮，表示现处的状态。当处在"I"时表示数据显示屏显示的是样品测量电流值，用户可根据测量样品调节量程按键或电位器获得适合样品测量的电流。当在"ρ/R□"时表示现处于测量模式下，数据显示屏显示的是方块电阻或电阻率的测量值
K9	电流换向按键，按键上方的灯亮表示反向，灯灭表示正向
K10	低阻测试扩展按键（只在 100mA 量程有效），按键上方的灯指示开、关的状态
W1，W2	W1 为电流粗调电位器，W2 为电流细调电位器
P	与计算机通讯的并口接口
L	显示测试值的数据显示屏，在不同的测试状态下分别用来显示样品的测试电流值、方块电阻测量值、电阻率测量值

软件测试系统的用户界面主要由三部分组成，各组成部分的说明如下：

（1）测试参数窗口。用户可在此窗口中选择测试材料的类别和输入测试材料基本属性数据值（厚度、直径等）、测试环境数据（温度、湿度）及确定测量点的位置。

（2）统计测试数据窗口。记录和显示测试材料的各项属性数据值、测量数据和统计分析后数据。

（3）操作栏。供用户进行测量、重测、自动测量、打开、保存、打印等操作的执行按钮。

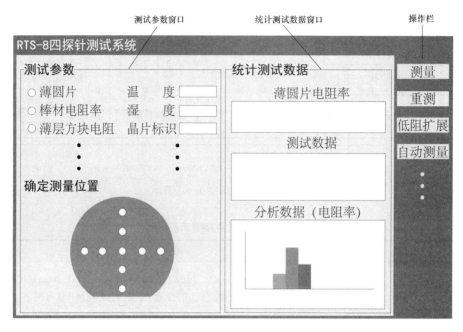

图 3-27　软件测试系统界面示意图

3.2.4　实验操作规程及主要现象

在进行测量前，请确认 RTS-8 型四探针测试仪已经正确连接到计算机的并口，并且四探针测试仪的电源已经打开，探针针尖、样品表面是否清洁。

（1）测量给定薄片样品的电阻率和方块电阻（9 点），分析测试数据，得出标准差、不均匀度等重要参数结果，并根据测试结果得出样品的掺杂浓度（基础内容）。

1）打开测试仪的主机，预热约 10min 后进行测试。

2）对测试样品进行测量前在测试参数窗口（见图 3-28）选择测试类别（薄圆片电阻率或薄层方块电阻），并在四探针测试仪前面板点击"$R_{\square}/\rho$"测量选择按键 K7，与软件测试类别一致。

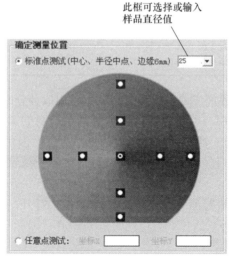

图 3-28　确定测量位置

3）输入材料的相关属性参数值、探针平均间距及探针间距修正因子（见探头附带的合格证，含三个参数项：C 为探针系数、F 为探针间距修正因子、S 为探针平均间距）。

4）点选测量位置中标准点测试（中心、半径中点、边缘 6mm），并选择或输入与待测样品一致的样品直径值，然后点击下方图案中的选框，选择测试位置。直径修正系数和厚度修正系数见表 3-4 和表 3-5。

5）将薄片样品正确放置在探针台面上，让样品待测区域（与软件中设置的测量位置一致）位于探针的正下方，旋转"粗调"和"细调"旋钮使探针紧密接触样品待测区域。

6）选择适当的电流量程来测量样品的电阻率或方块电阻，电阻率、电阻测量时可参考表 3-1 选择量程，方块电阻测量时可参考表 3-2。如无法估计样品方块电阻或电阻率的范围，则可以先按"10μA"量程进行测试，再以该测试结果作为估计值按表 3-1 和表 3-2 选择电流量程。同时在四探针测试仪前面板点击测量电流量程选择按键 K1～K6，与软件电流量程一致。

表 3-4 直径修正系数 $F(D/S)$ 与 D/S 值的关系

D/S	位 置		
	中心点	半径中点	距边缘 6mm 处
	$F(D/S)$		
>200	4.532		
200	4.531	4.531	4.462
150	4.531	4.529	4.461
125	4.530	4.528	4.460
100	4.528	4.525	4.458
76	4.526	4.520	4.455
60	4.521	4.513	4.451
51	4.517	4.505	4.447
38	4.505	4.485	4.439
26	4.470	4.424	4.418
25	4.470		
22.22	4.454		
20.00	4.436		
18.18	4.417		
16.67	4.395		
15.38	4.372		
14.28	4.348		
13.33	4.322		
12.50	4.294		
11.76	4.265		
11.11	4.235		
10.52	4.204		
10.00	4.171		

表 3-5 厚度修正系数 $F(W/S)$ 与 W/S 值的关系

W/S	$F(W/S)$	W/S	$F(W/S)$	W/S	$F(W/S)$	W/S	$F(W/S)$
<0.400	1.0000	0.605	0.9915	0.815	0.9635	1.25	0.8491
0.400	0.9997	0.610	0.9911	0.820	0.9626	1.30	0.8336
0.405	0.9996	0.615	0.9907	0.825	0.9616	1.35	0.8181
0.410	0.9996	0.620	0.9903	0.830	0.9607	1.40	0.8026
0.415	0.9995	0.625	0.9898	0.835	0.9597	1.45	0.7872
0.420	0.9994	0.630	0.9894	0.840	0.9587	1.50	0.7719
0.425	0.9993	0.635	0.9889	0.845	0.9577	1.55	0.7568
0.430	0.9993	0.640	0.9884	0.850	0.9567	1.60	0.7419
0.435	0.9992	0.645	0.9879	0.855	0.9557	1.65	0.7273
0.440	0.9991	0.650	0.9874	0.860	0.9546	1.70	0.7130
0.445	0.9990	0.655	0.9869	0.865	0.9536	1.75	0.6989
0.450	0.9989	0.660	0.9864	0.870	0.9525	1.80	0.6852
0.455	0.9988	0.665	0.9858	0.875	0.9514	1.85	0.6718
0.460	0.9987	0.670	0.9853	0.880	0.9504	1.90	0.6588
0.465	0.9985	0.675	0.9847	0.885	0.9493	1.95	0.6460
0.470	0.9984	0.680	0.9841	0.890	0.9482	2.00	0.6337
0.475	0.9983	0.685	0.9835	0.895	0.9471	2.05	0.6216
0.480	0.9981	0.690	0.9829	0.900	0.9459	2.10	0.6099
0.485	0.9980	0.695	0.9823	0.905	0.9448	2.15	0.5986
0.490	0.9978	0.700	0.9817	0.910	0.9437	2.20	0.5875
0.495	0.9976	0.705	0.9810	0.915	0.9425	2.25	0.5767
0.500	0.9975	0.710	0.9804	0.920	0.9413	2.30	0.5663
0.505	0.9973	0.715	0.9797	0.925	0.9402	2.35	0.5562
0.510	0.9971	0.720	0.9790	0.930	0.9390	2.40	0.5464
0.515	0.9969	0.725	0.9783	0.935	0.9378	2.45	0.5368
0.520	0.9967	0.730	0.9776	0.940	0.9366	2.50	0.5275
0.525	0.9965	0.735	0.9769	0.945	0.9354	2.55	0.5186
0.530	0.9962	0.740	0.9761	0.950	0.9342	2.60	0.5098
0.535	0.9960	0.745	0.9754	0.955	0.9329	2.65	0.5013
0.540	0.9957	0.750	0.9746	0.960	0.9317	2.70	0.4931
0.545	0.9955	0.755	0.9738	0.965	0.9304	2.75	0.4851
0.550	0.9952	0.760	0.9731	0.970	0.9292	2.80	0.4773
0.555	0.9949	0.765	0.9723	0.975	0.9279	2.85	0.4698
0.560	0.9946	0.770	0.9714	0.980	0.9267	2.90	0.4624
0.565	0.9943	0.775	0.9706	0.985	0.9254	2.95	0.4553
0.570	0.9940	0.780	0.9698	0.990	0.9241	3.00	0.4484
0.575	0.9937	0.785	0.9689	0.995	0.9228	3.2	0.422
0.580	0.9934	0.790	0.9680	1.00	0.9215	3.4	0.399
0.585	0.9930	0.795	0.9672	1.05	0.9080	3.6	0.378
0.590	0.9927	0.800	0.9663	1.10	0.8939	3.8	0.359
0.595	0.9923	0.805	0.9654	1.15	0.8793	4.0	0.342
0.600	0.9919	0.810	0.9644	1.20	0.8643		

7）按下"测量"按钮进行测试。此时程序将弹出图 3-29 所示窗口要求用户调节
RTS-8 型四探针测试仪上的电位器，使其测试电流为弹出窗口上计算出来的电流值（此电
流值是根据被测试材料的类别、厚度、直径、测量位置、量程等要素决定的，所以每一次
测量要调节的电流值不一定相同）。

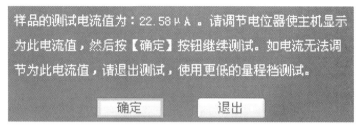

图 3-29　弹出窗口

8）把 RTS-8 型四探针测试仪上，点击"电流/测量"方式选择按键 K8，设置在"I"
位，旋转电流值调节电位器 W1、W2，使仪器电流稳定在窗口上计算出来的电流值。

9）按下"确定"按钮继续测试。

10）统计测试数据窗口（见图 3-30）将会记录和显示出此次采集到的测试数据和相

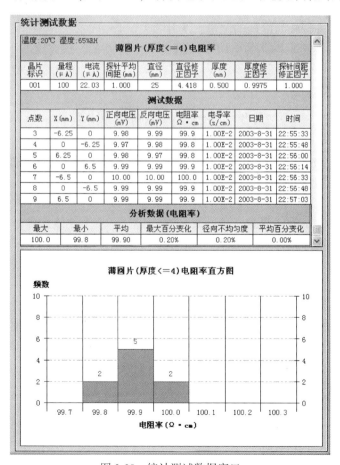

图 3-30　统计测试数据窗口

关的统计分析数据。若发现采集的测试数据的电阻率（方块电阻、电阻）有异常，可按"重测"按钮进行重新测量。

11）重复上述测量过程，直至样品 9 个测量点完成测量，保存数据。

12）测量完成后，将电流值调为 0、探针高度回升至初始位置、样品放回片盒内，关机并整理台面。

（2）测量不同几何形状的样品，掌握其修正方法（拓展内容）。选择三块不同几何形状的样品，包括：不同直径、不同厚度的样品进行电阻率测量，比较其电阻率变化规律，并分析其原因。

3.2.5　数据记录与处理

本实验的数据记录和处理均由软件完成。

对给定测量 9 个不同点，软件根据测试结果计算出（修正）电阻率、方块电阻及标准差，画出电阻率的波动图。根据软件计算出的电阻率/电阻平均值，与硅单晶电阻率与掺杂剂浓度换算规程 GB/T 13389—1992 的数据比较，得出样品的掺杂浓度。

3.2.6　实验操作拓展

（1）为什么要用四探针测量？如果只用两根探针，既作电流探针又作电压探针，这样是否能够对样品进行较为准确的测量，为什么？

（2）哪些因素会影响样品的电阻率？借助本实验设备，探究这些因素对样品电阻率的影响程度。

3.3　少子寿命测量实验

少数载流子（简称少子）寿命，是指半导体受到外界影响（如光照）所产生的非平衡少数载流子的平均生存时间。

不同半导体中少子寿命长短不同，影响少子寿命的主要因素是半导体能带结构和复合机理（包括直接复合、间接复合、表面复合等）。对于 Si 半导体器件，主要是晶格缺陷、本底掺杂浓度、有害杂质构成的复合中心的浓度等因素影响少子寿命。通过去除有害的杂质和缺陷，可以增加少子寿命；相反，引入一些能够产生复合中心的杂质或缺陷，例如掺入 Au 或用高能粒子束轰击等，可以减小少子寿命。

由于少子注入半导体后能够积累起来，而多子注入半导体后可通过库仑作用很快消失，所以少子寿命是半导体材料和半导体器件的重要参数，直接关系到依靠少数载流子工作的半导体器件的性能。例如，双极型器件的开关特性、导通特性和阻断特性取决于少子寿命；光电探测器件的光生电流、光生电动势等直接与少子寿命相关；对太阳能电池来说，少子寿命越短，电池效率越低。

3.3.1　实验目的、内容与要求

3.3.1.1　实验目的
了解半导体材料中少子的产生-复合机理及其对材料特性的影响，掌握测量少子寿命

并进一步分析材料基本特性的光电导衰退法。

3.3.1.2　实验内容与要求

（1）记录电导率衰减曲线随注入光强的变化，并在适当注入光强下测量样品的少子寿命（基础内容）。

（2）测量研究样品的温度变化对少子寿命的影响（拓展内容）。

3.3.2　简要原理

半导体材料中有电子和空穴两种载流子，如果在半导体材料中某种载流子占多数，导电中起到主要作用，则称它为多数载流子（多子），占少数的称为少数载流子（少子）。如在 n 型半导体中，电子是多子，空穴是少子；在 p 型半导体中，空穴是多子，电子是少子。在一定温度条件下，处于热平衡状态的半导体，载流子浓度是一定的，称为平衡载流子浓度。当用某波长的光照射半导体材料时，如果光子的能量大于禁带宽度，位于价带的电子受激发跃迁到导带，在样品中产生非平衡电子和空穴。用光照使半导体内部产生非平衡载流子的方法称为非平衡载流子的光注入。光注入时，半导体电导率的变化为

$$\Delta\sigma = q\mu_p\Delta p + q\mu_n\Delta n \tag{3-7}$$

式中　　q——电子电荷；

μ_p，μ_n——空穴和电子的迁移率。

如果样品所加的电场很小，以致少数载流子的漂移导电电流可以忽略，而且样品是均匀的，即 p_0 或 n_0 在样品内部处处是相同的，同时样品中没有明显的陷阱效应，那么非平衡电子（Δn）和空穴（Δp）的浓度相等，它们的寿命也就相同，于是上式可以简化为

$$\Delta\sigma = q(\mu_p + \mu_n)\Delta p \tag{3-8}$$

在满足小注入条件以致表面复合可以忽略不计的情况下，当去掉光照后，少子密度将按指数规律衰减，对多数载流子是电子的 n 型半导体材料而言，即有

$$\Delta p(t) = \Delta p_0 \cdot e^{-\frac{t}{\tau}} \tag{3-9}$$

式中　　τ——少子寿命，表示光照消失后，非平衡少子在复合前平均存在的时间。

据此导致电导率为

$$\Delta\sigma = q(\mu_p + \mu_n)\Delta p_0 \cdot e^{-\frac{t}{\tau}} \tag{3-10}$$

也按指数规律衰减，单晶少子寿命测试仪就是根据这一原理进行测试的。

3.3.3　实验设备介绍

实验设备为 LT-2 型单晶寿命测试系统，主要包括测试主机和示波器两部分，如图 3-31 所示。主机和示波器通过讯号连接线相连。测试时将样品置于主机顶盖的样品承片台上，通过调节示波器，使仪器输出的指数衰减光电导信号波形稳定下来，然后在示波器上观察和计算样品的少子寿命。

测试主机如图 3-32 所示。根据国际通用方法——高频光电导衰退法的原理设计，由稳压电源、高频源、检波放大器、脉冲光源、样品电极等组成，采用印刷电路和高频接插件连接。

测试主机的工作原理如图 3-33 所示。高频源提供的高频电流流经被测样品，当红外

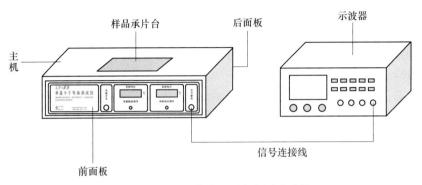

图 3-31　LT-2 型单晶少子寿命测试系统

图 3-32　测试主机

光源的脉冲光照射样品时，单晶体内即产生非平衡光生载流子，使样品产生附加光电导，样品电阻下降。由于高频源为恒压输出，因此流过样品的高频电流幅值，此时增加 ΔI；光照消失后，ΔI 便逐渐衰退，其衰退速度取决于光生非平衡载流子在晶体内存在的平均时间（即寿命 τ）。在小注入条件下，当样品光照内复合是主要因素时，ΔI 将按指数规律衰减，在取样器上产生的电压变化 ΔV 也按同样的规律变化。

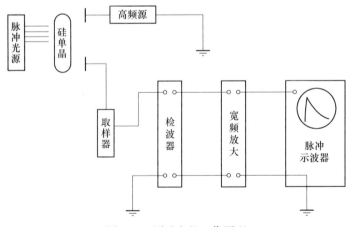

图 3-33　测试主机工作原理

主机前面板的主要部件及功能为：

（1）光源电压显示屏，指示红外发光管工作电压大小。

（2）检波电压显示屏，指示检波电压大小。

（3）红外光源开关，用于打开或关闭红外发光管。

（4）红外光源电压调节电位器，顺时针旋转电压调高，反之电压调低。

（5）检波电压调零电位器，通过顺时针或逆时针旋转可使检波电压调零。

（6）信号输出高频插座，用于将输出的信号送至示波器观察。

主机上的样品承片台位于主机箱顶盖中央，由两个电极和红外光透光孔组成，如图 3-34 所示。测试时将样品置于两电极和红外光透光孔上。

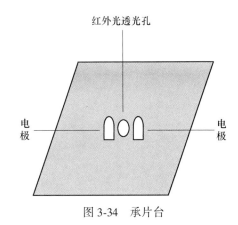

图 3-34　承片台

主机电路由稳压电源、高频源、检波放大、红外光源、电压显示电路等组成。

（1）稳压电源。稳压电源共有 6 组，其中 ±5V 为电压显示电路工作电源、+15V 为放大器电源、−18V 为高频源工作电源、+15V 及 0~12V 为红外光源工作电源。

（2）高频源、检波放大电路。高频源工作频率为 30MHz，经同轴电缆输出到样品电极。样品在脉冲光源激发所产生的高频调幅信号，经磁环取样器后由二极管构成的检波电路检波得到光电导信号，该光电导信号输出至放大器，由宽频放大器放大再送至示波器读数。为防止该部分电路互相干扰影响，各部分电路放置在屏蔽盒内。

（3）红外光源。红外光源脉冲产生电路由二极管产生 20~30 次/s 的尖脉冲，经过电路处理，产生脉宽约 60μs 的矩形脉冲，再由功率放大电路放大推动红外发光管发出脉冲光。

3.3.4　实验操作规程及主要现象

（1）记录电导率衰减曲线随注入光强的变化，并在适当注入光强下测量样品的少子寿命（基础内容）。特别需要注意，要确保 LT-2 型单晶少子寿命测试仪面板上的"光源开关"处于关闭状态（按钮处于弹起状态）。

1）检查连接线。将 LT-2 型单晶少子寿命测试仪面板上的"光源幅度调节"旋钮逆时针旋转到底，然后开启 LT-2 型单晶少子寿命测试仪电源，如图 3-35 所示。开启示波器，待设备预热 15min。

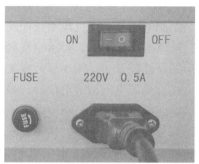

图 3-35　准备工作

2）确保承片台上没有放样品，顺时针或逆时针调节"检波电压调零"旋钮，使检波电压显示为"0.00"，如图 3-36 所示

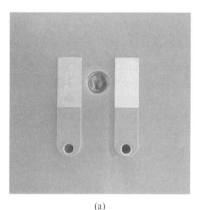

(a)　　　　　　　　　　　(b)

图 3-36　承片台（a）及检波电压调零（b）

3）在承片台的两个电极上分别涂一点自来水，以便电极与样品导电良好（注意：水不可过多，以免水流入光源孔）。然后将表面清洁后的样品放置于承片台上，注意确保与两个电极接触良好。此时检波电压表将会显示某一值，如图 3-37 所示（如果样品很轻，可在样品上压重物，以改善与两个电极的接触）。

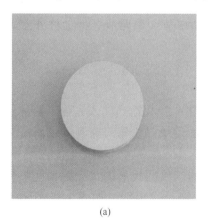

(a)　　　　　　　　　　　(b)

图 3-37　放置样品（a）及检波电压现象（b）

4）按下 LT-2 型单晶少子寿命测试仪面板上的"光源开关"按钮，顺时针调节"光源幅度调节"旋钮，使承片台中央的红外发光管工作，如图 3-38 所示。

注意："光源电压"显示值正比于红外发光管功率。为满足小注入条件，"光源电压"显示值应尽量小，具体数值与样品有关。

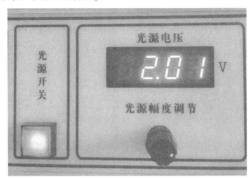

图 3-38　开启并调节光源幅度

5）使示波器工作在"交流"模式，连接测试仪的通道探头衰减为 1 倍，并调整示波器，将能稳定看到如图 3-39 所示的曲线。

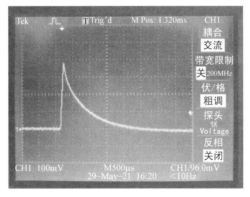

图 3-39　示波器稳定显示曲线

6）示波器选择"时间"测量方式，移动光标检查样品未被光照射时的电压值是否为零（或在零附近波动），如图 3-40 所示（如明显不为零，检查示波器是否工作在"交流"模式）。

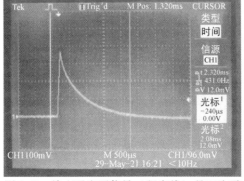

图 3-40　检查无光照信号（竖实线）是否为零

7）移动示波器光标，记录曲线峰值电压 V_0。再移动光标，记录下电压值约为 $0.6V_0$ 处的时间 t_1、电压 V_1，如图 3-41 所示。

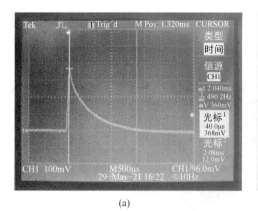 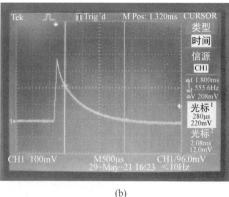

(a)　　　　　　　　　　　　　　　　　　　　(b)

图 3-41　曲线峰值电压（a）及 0.6 倍峰值电压（b）所在位置的数据

8）移动波器（另一个）光标至 $V_2 = V_1/e$ 的点，记录该点所对应的时间 t_2，如图 3-42 所示。

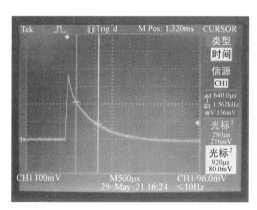

图 3-42　时间测量

9）实验完毕，将 LT-2 型单晶少子寿命测试仪面板上的"光源幅度调节"逆时针旋转到底，"光源开关"弹起，关闭主机和示波器电源。

（2）测量研究样品的温度变化对少子寿命的影响（拓展内容）。

借助温控加热装置改变承片台上的样品温度，在其他参数相同的条件下，每改变一次样品温度，待温度稳定后，进行少子寿命测量（步骤见上述）。

3.3.5　数据记录、处理与误差分析

3.3.5.1　数据记录与处理示例

（1）直接在示波器上进行测量：

峰值电压 $V_0 = 368\text{mV}$；第一个测量点 $t_1 = 280\mu\text{s}$，$V_1 = 220\text{mV}$；第二个测量点 $t_2 = 920\mu\text{s}$，$V_2 = 80\text{mV}$。

因此，待测样品的少子寿命

$$\tau = t_2 - t_1 = 920\mu s - 280\mu s = 640\mu s$$

（2）从示波器采集出数据进行测量：根据测量数据描绘曲线如图 3-43 所示。

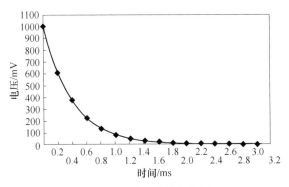

图 3-43　示波器采集数据

数据处理方法与上述类似，此处不再赘述。

3.3.5.2　误差原因分析

（1）照射到样品上的红外光功率对测量结果影响大，因为若光照强度较大，所测曲线将偏离指数衰减曲线。

（2）在示波器上测量时，受限于示波器时间分辨率，引入误差。

（3）选择曲线的哪一段进行测量，对测试结果有一定影响。

3.3.6　实验操作拓展

（1）如果尽量调小光源功率，仍然在示波器上显示偏离指数曲线的现象（见图 3-44），应如何处理？

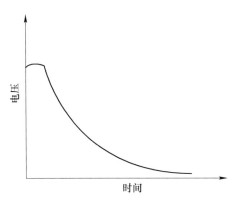

图 3-44　偏离指数曲线

（2）为使得样品与承片台上的两个电极接触良好，选择在电极上涂少量自来水。这是否会对测量结果产生影响，请进行实验研究，并尝试将自来水换成其他物质开展实验。

4 信息光学实验

　　信息光学是指研究如何通过光来实现信息的获取、传输、处理、存储和交换的原理和方法的科学。1873 年，德国人恩斯特·阿贝（E. Abbe）首次从波动光学的角度提出了显微镜的成像原理。同时，傅里叶分析数学理论在光学分析领域逐步得到应用，经典成像光学迅速发展成为傅里叶光学。随着激光器的出现，光学全息术得到实验验证，傅里叶光学的内涵更加广泛和深奥，从而发展成为现代的信息光学。

　　现代信息光学与物理学、电子科学、通信科学、传感科学、数学、计算机科学等多个学科领域得到了交叉融合应用，成为近代物理领域中最具活力的学科方向之一，并培育出一些新兴的交叉方向，如光计算、计算成像等。

　　本章的实验将学习并熟悉信息光学基本光路的设计和调整，认识到空间频率的概念并加以深入理解；通过阿贝成像的观察和空间滤波的效果，掌握光学信息的基本处理方法；通过傅里叶全息图的制作和再现，综合了解光学信息的传输、处理和存储技术。

4.1　全息光栅制作实验

　　光栅是光学信息处理系统中最常用的光学元件，是基础元件之一，在光谱仪器、成像系统、投影系统中得到广泛应用。从广义角度讲，任何一种具有周期性的空间结构或光学性能周期性变化（如透射率、折射率）的衍射屏统称为光栅。按照制造光栅的方法来分，光栅可分为刻划光栅、全息光栅。1948 年盖伯（Gabor）发现了全息光学原理，随着 60 年代激光技术的发展，出现了用记录激光干涉条纹制作光栅的技术，发展了全息光栅。同刻划光栅相比，全息光栅具有很多优点：不存在固有的周期误差，因而不存在罗兰鬼线；杂散光少；光栅的适用范围宽；分辨率高；有效孔径大；生产周期短。由于全息光栅的上述特点使得它在生产和技术中得到了广泛的应用，它不仅适合于高分辨的发射、吸收和拉曼光谱分析，在光信息处理中得到广泛的应用，而且已用于激光器件中作为波长选择元件，在集成光学和光通信方面作为光耦合元件将有着极大的应用潜力。

4.1.1　实验目的、内容与要求

4.1.1.1　实验目的

　　（1）通过对光路的设计和调节，掌握光学干涉的基本原理和光学信息处理系统光路精密调整的基本方法。

　　（2）掌握设计制作全息光栅和全息透镜的原理和方法，制作出满足要求的全息光栅，了解全息光栅的应用特点和方法。

　　（3）通过实验观察，理解光学信息处理系统对运行条件的要求。

4.1.1.2 实验内容与要求

（1）马赫-曾德尔干涉仪调节及现象观察，制作正弦型全息光栅，测量光栅常数及空间频率（基础内容）。

（2）全息透镜的制作及观测（拓展内容）。

4.1.2 简要原理

4.1.2.1 正弦型全息光栅

两束相干的平行光束，在空气介质中以一定夹角 2θ 彼此相遇时，在光束的重叠空间中会形成明暗交替的、平行的、等间距的直条纹系统。条纹间距为：

$$d = \frac{\lambda}{2\sin\theta} \tag{4-1}$$

式中　λ——激光波长；

　　　θ——两相干光束夹角的一半。

如果改变夹角 θ 或光波长 λ，可以得到不同的条纹间距 d。

条纹的明暗位置取决于两相干光束的波前达到全息干板时的位相差。位相是同相的，光振幅叠加，得到亮条纹；若位相是反相的，光振幅相消，得到暗条纹。双光束干涉，形成的是光强呈正弦分布的条纹系统。将表面涂敷有感光材料的全息干板放置到干涉场中，经过曝光和显影处理后，形成透射式平面全息光栅。

4.1.2.2 马赫-曾德尔（Mach-Zehnder）干涉仪光路

全息光栅可以通过搭建马赫-曾德尔（Mach-Zehnder）干涉仪光路进行制作，该光路主要由两块分束镜 BS_1 和 BS_2，两块反射镜 M_1 和 M_2 组成，如图 4-1 所示。四块镜子的反射面互相平行，并且中心光路构成一个接近于平行四边形的结构，以此保证光程的接近等长。从激光器发出的光束经平面反射镜反射，再经扩束和准直后，变成均匀平面波通过干涉仪，在光屏 P 上可得到干涉结果。

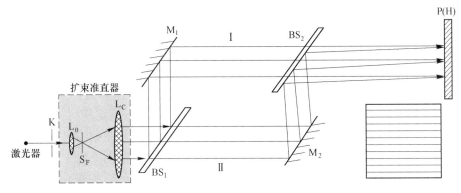

图 4-1　马赫-曾德尔干涉仪产生平行干涉条纹

M_1，M_2—反射镜；K—快门；$L_0+L_C+S_F$—光束扩束准直器（含针孔滤波器 S_F）；

L—透镜；BS_1，BS_2—1：1 分束镜

4.1.2.3 光栅常数的计算

假设正弦型全息光栅的透射函数可用下式描述：

$$\tilde{t}(x) = t_0 + t_1\cos(2\pi f x + \varphi_0) \tag{4-2}$$

其中 f 为光栅的空间频率，光栅常数 $d = 1/f$。则当波长为 λ，振幅为 A 的平面波正入射时，光栅将透射波变为三列平面波，透射场可用下式描述：

$$\widetilde{U}(x) = At_0 + \frac{1}{2}At_1 e^{i(2\pi f x + \varphi_0)} + \frac{1}{2}At_1 e^{-i(2\pi f x + \varphi_0)}$$

$$= \widetilde{U}_0(x) + \widetilde{U}_{+1}(x) + \widetilde{U}_{-1}(x) \tag{4-3}$$

其中，$\widetilde{U}_{+1}(x)$ 和 $\widetilde{U}_{-1}(x)$ 分别代表正一级和负一级衍射平面波，其出射方向分别为 $\sin\theta^{(+1)} = f\lambda$，$\sin\theta^{(-1)} = -f\lambda$。因此，光栅常数可通过下式进行计算：

$$d = \frac{1}{f} = \frac{\lambda}{\sin\theta^{(+1)}} = -\frac{\lambda}{\sin\theta^{(-1)}} \tag{4-4}$$

4.1.3 实验设备介绍

本实验使用的 He-Ne 激光器，发射波长为 632.8nm 的激光。

搭建光路需要的主要光学元器件包括电子快门、两个分束镜、两个平面反射镜、光束扩束套件（含扩束镜、25μm 针孔滤波器）、一个准直透镜（焦距 150mm）。此外，还需要全息干板、光具座、干板架、观察屏、机械调节架等辅助器件，以及显影液、停显液和定影液。

4.1.4 实验操作规程及主要现象

设计并搭建 M-Z 干涉光路，调整光路直至可在光屏上观察到干涉斑。

每个光学镜片均安装在支架中。图 4-2 中，镜片夹具上有精细调节旋钮，底座上有磁吸开关。特别需要注意的是，搭建光路过程中，每个元器件要做到：1）夹具与支杆连接处紧固；2）粗略调整镜片高度、俯仰、偏转时松开支杆与套筒连接点；3）精细调整镜片高度、俯仰、偏转时用夹具上的细调旋钮；4）移动时关闭磁吸，摆放到位后打开磁吸。

光路调节具体步骤如下：

（1）图 4-3 中，将激光器摆放在光学平台边缘，打开底座磁吸，紧固支杆连接点（后续每个元器件摆放时也先检查这一点）；松开套筒上的支杆固定螺钉，将激光器调整到合适高度再拧紧（后续每个元器件粗略调整高度、俯仰、偏转时也如此）。

打开激光器，分别在靠近和远离激光器位置，利用白屏观察光斑高度，精细调节激光器夹具上的俯仰旋钮，直至光斑中心在白屏上同高，激光束平行于水平面。调节激光器偏转角至合适位置，在白屏上标示激光束光轴中心，并通过磁吸底座锁定白屏位置。

（2）借助光屏摆放并调整光束扩束套件。扩束镜与激光器之间需预留一定空间，以备搭建光路完成后加入电子快门。调节扩束镜位移旋钮使扩束镜尽量远离针孔滤波器，让激光通过扩束镜，使得光斑位于针孔片的中心；调节针孔位移旋钮，同时从针孔另一侧斜

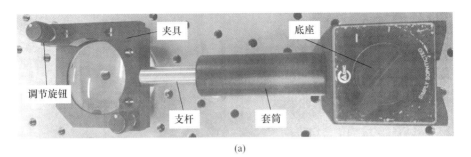

(a)

(b)

图 4-2 支架（a）及底座（b）

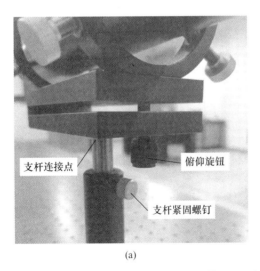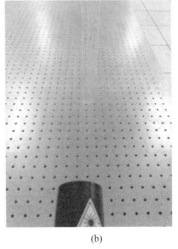

(a) (b)

图 4-3 激光器调节（a）及光束调平（b）

视（注意：不可正视）观察，使得针孔出光最强；然后缓慢调节扩束镜位移旋钮以及针孔位移旋钮，同时留意观察光屏，将逐渐看到微弱的光斑；继续调节使得光斑变大、变强，直到光屏上的光斑直径不再增大且亮度最高（注意：若此时光斑中心偏离光轴，应仔细调节扩束套件的高度、偏转，使得光斑中心位于光轴上），如图 4-4 所示。摆放并调整到位后，打开底座磁吸。

（3）借助光屏摆放光阑，使其尽量靠近针孔滤波器，如图 4-5 所示。摆放到位后，拧

图 4-4 扩束套件摆放及调整

开底座磁吸。

（4）借助两个光屏摆放准直透镜。准直透镜从尽量靠近光阑的位置开始，沿着光轴缓慢平移远离光阑，同时注意观察光屏上的光斑将逐渐减小，在靠近准直镜、远离准直镜两个位置分别测量光屏上的光斑形状和大小，当光斑均为圆形且直径相等时，停止移动准直镜，此时得到光斑尺寸较大的平行光束，如图 4-6 所示。注意：确保光斑中心与白屏上所标示光轴中心位置相同，摆放到位后，拧开底座磁吸。

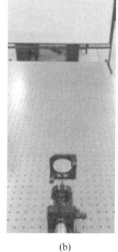

(a)   (b)

图 4-5 摆放光阑   图 4-6 准直镜摆放及调整

（5）借助光屏摆放分束镜。在准直透镜后摆放 5/5 分束镜。图 4-7 中，使分束镜位于光轴中心，到位后打开磁吸。在白屏上分别观察透射光斑和反射光斑，由于光斑通过分束镜时发生折射，透射光斑中心位置发生偏移，在白屏上记录透射束光斑中心，以便于搭建M-Z 光路时判断光路是否平行。再利用白屏观察反射光束，精确调节分束镜俯仰角，使反射光束中心与激光器光轴中心等高，在白屏上记录反射光束的光斑中心位置。

（6）借助白屏摆放反射镜，搭建 M-Z 光路。分别在分束镜的透射光束和反射光束路径上摆放反射镜，注意使两个反射镜分别接收到透射和反射光束的整个光斑。在白屏上依次观察两个反射镜的光斑中心，精确调节反射镜俯仰角和偏转角，使反射光束与分束镜出射的反射光束和透射光束平行，即移动白屏，使白屏靠近和远离时，两个反射镜出射的反射束光斑中心与分束镜出射的两个光斑中心始终等高，且间距相同，如图 4-8 所示。

图 4-7　分束镜摆放及调整

图 4-8　反射镜的摆放及调整

（7）摆放分束镜，完成 M-Z 光路搭建。在两个反射镜出射光束交汇处再摆放一个分束镜，此时在分束镜后出现两个光斑，分别来自两个反射镜的透射光束和反射光束。借助白屏，调节第二块分束镜的俯仰角和偏转角，使反射光束光斑和透射光束光斑汇合，M-Z 光路搭建完成，此时可以在白屏上观察到干涉图样，如图 4-9 所示。

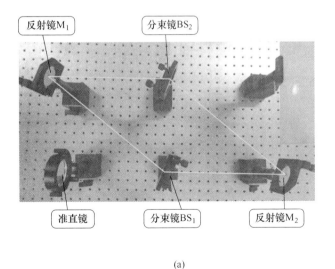

(a)

(b)

图 4-9　M-Z 光路俯视图（a）及侧视图（b）

（8）在激光器出光口与扩束套件之间摆放电子快门。设置电子快门的开启时间方法为：在图 4-10 所示的 GCI-73 多功能电子定时器前面板上点击"set"，选择"3：参数设置"并点击"set"，选择"1：开定时（To）"并点击"set"，左右移动光标至某一数位后，通过上下键修改数值，完成后点击"set"。

图 4-10　GCI-73 多功能精密电子定时器

（9）拍摄全息光栅。在闭光环境下，将全息干板（感光面朝向物面）放置于干涉场中，并固定在磁吸底座上，采用两次曝光法记录全息图：1）遮挡 M-Z 光路中的一路光，打开电子快门进行第一次曝光，使干板曝光量进入感光特性线性区；2）去掉遮挡物，打开电子快门进行第二次曝光，将干涉图样叠加到第一次曝光的区域上。注意：曝光时间与环境条件、光强、干板特性等因素有关。

（10）全息干板显影、停显、定影。保持光路，取下全息干板，在暗房中将干板依次放入预先配置好的显影液、停显液和定影液，并用自来水冲洗干净，用吹风机热风吹干。显影、停显、定影处理时干板的感光面朝上，干板之间不要堆叠；显影、停显、定影时间与干板特性、环境温度等有关；冲洗时避免大水流直接冲刷感光面；吹干时避免风力过大、过热。

（11）正弦型全息光栅验证。将制作好的全息光栅用激光器细光束进行照射，如能并仅能观察到零级和正负一级衍射光斑，说明所制作的光栅为正弦型全息光栅，如图 4-11 所示。

图 4-11　正弦型全息光栅的衍射图样

（12）计算光栅常数。将所制得的全息光栅置于激光器前，测量零级和一级衍射光斑的间距 Δx、屏与光栅的距离 L。由于一级衍射光斑与零级衍射光斑夹角 θ 较小，则光栅常数：

$$d = \frac{\lambda}{\sin\theta} \approx \frac{\lambda L}{\Delta x} \tag{4-5}$$

（13）全息透镜的制作。全息透镜是指通过特定花样的全息图的衍射效果，从而实现一般透镜的光束会聚或发散功能的一种全息元件。全息透镜一般分为同轴全息透镜和离轴全息透镜。如果在马赫–曾德尔干涉仪光路的其中一个光路加入一个球面镜 L（假设为凸透镜），使这束光变为球面波，这样其干涉性质就变为平面波与球面波的干涉，如图 4-12 所示。

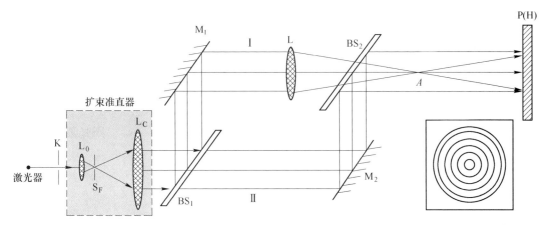

图 4-12　马赫-曾德尔干涉仪获得同心圆干涉条纹

这时如果在 P 位置放置全息干板，线性记录下这些干涉条纹，经显影、定影处理后，即可得到同轴全息透镜。可以证明，所获得的全息透镜的第一焦距等于光屏与 A 点的距离。如果在放置薄透镜时两束光有夹角，或适当调节 BS_2 的方位角，使得两束光的轴心线到达 P 时有一定的角度，则平面波和球面波产生干涉获得如图 4-13 所示的干涉条纹，此时同心圆的圆心不在视场以内，则此时获得的全息透镜为离轴全息透镜。

图 4-13　离轴全息透镜条纹形状

4.1.5　数据记录、处理与误差分析

4.1.5.1　数据记录与处理

（1）全息光栅制作过程中的现象可通过拍照记录。

（2）全息光栅制作完毕后的检查，数据记录和处理示例如下：

直接利用激光器出射的光束检测，光路示意图如 4-14 所示。表 4-1 是全息光栅实验数据。

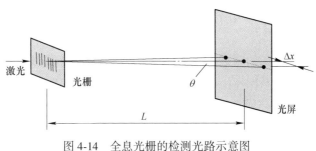

图 4-14　全息光栅的检测光路示意图

表 4-1　全息光栅实验数据

序号	L/cm	$\Delta x/\text{cm}$	$\sin\theta = \dfrac{\Delta x}{\sqrt{(\Delta x^2 + L^2)}}$	光栅常数 d/mm
1	10	1.014	0.101	6.273×10^{-3}
2	15	1.496	0.099	6.376×10^{-3}
3	20	1.962	0.098	6.482×10^{-3}
4	25	2.444	0.097	6.504×10^{-3}
5	30	2.984	0.099	6.393×10^{-3}

根据表 4-1 中的测量数据,光栅常数的平均值 $\bar{d} = 6.406 \times 10^{-3}\,\text{mm}$,则光栅的空间频率 $f = 156$ 线/mm。

4.1.5.2　误差原因分析

影响全息光栅制作的因素较多,例如有以下方面:

(1)光路搭建与调整是影响观测干涉现象和所制备的全息光栅的光栅常数的关键,应仔细认真,否则容易导致实验失败。

(2)曝光时间过长容易导致全息光栅透光率过低。

(3)显影、定影时间也是重要影响因素,且与光强、曝光时间、干板特性、试剂特性等因素相关联。

4.1.6　实验操作拓展

正弦型全息光栅的成功制作是通过在两束平面波以一定夹角入射到全息干板上,并线性记录下干板上的干涉条纹得到的。本实验通过搭建 M-Z 光路得到两束平面波,尝试采用其他方法搭建光路,实现正弦型全息光栅的制备,并分析不同实验方法的优缺点。

4.2　阿贝成像原理和空间滤波实验

在德国光学家恩斯特·卡尔·阿贝(Ernst Karl Abbe)提出他的成像理论之前,人们曾认为只要能够充分减小像差和提高放大倍率,显微镜的分辨率可以是无限的。减小显微镜头像差的一个简单办法是缩小孔径。于是,著名显微镜厂商蔡司公司生产了一批小孔径显微镜,但效果反而不如孔径较大的显微镜好。为解决这个问题,阿贝第一次从波动光学的观点说明了显微镜成像过程(之后称为阿贝成像原理),并且断定显微镜分辨率存在上限。

阿贝成像原理以一种新的频谱语言来描述信息,启发人们用改造频谱的方法来改造信息,为傅里叶光学的早期发展做出了重要贡献。1893 年和 1906 年,阿贝和波特(Porter)分别发布了验证这一理论所做的实验(之后称为阿贝-波特实验),采用简单的模板展示了空间滤波。这些理论和实验对相干光成像的机理以及频谱分析和综合的原理做出了深刻的解释,成为现代信息光学的基础。

4.2.1 实验目的、内容与要求

4.2.1.1 实验目的

理解阿贝成像原理，了解简单的空间滤波器，掌握简单的空间滤波技术以及光学信息处理的基本原理和方法。

4.2.1.2 实验内容与要求

（1）搭建阿贝成像光路，用光栅、网格、文字、图像等作为物体，观察分析频谱面和成像面上的现象（基础内容）。

（2）用光栅、网格、文字、图像等作为物体，在频谱面上应用简单的空间滤波器（方向通、方向阻、低通、高通、带通等），观察分析成像变化（基础内容）。

（3）用文字、图像等作为物体，结合正交光栅，利用空间滤波器筛选出某一衍射级，观察分析成像结果（拓展内容）。

4.2.2 简要原理

4.2.2.1 阿贝成像原理

图 4-15 中，在相干平行光照明下，透镜成像可分为两步：

第一步，平行光透过物体后产生的衍射光，经透镜后在其后焦面（即频谱面）上形成夫琅禾费衍射图样。这一步可理解为光被物体衍射后，在频谱面上分解形成各种频率的空间频谱，这是衍射所引起的"分频"作用，实际是物体所包含的空间信息按照空间频率的"分类"。

第二步，频谱面上的每一点可看作是相干的次光源，这些次波源发出的光（球面波）在像平面上相干叠加成像。这可理解为各空间频谱次光源的空间频率"合成"，实际是按空间频率分类分布的空间信息进行的"组合"。

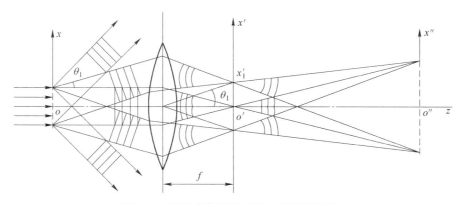

图 4-15　阿贝成像原理（以一维光栅为例）

阿贝成像过程的两步本质上就是两次傅里叶变换。如果这两次傅里叶变换是完全理想的，即信息没有任何损失，则所成像和物体（输入图像）应完全相似。

频谱面上的每一光点具有明确的物理意义：

（1）每一光点对应着物面上的一个空间频率成分。

（2）光点离谱面中心的距离代表物面上该频率成分的高低。离中心远的点代表物面上的高频成分，反映物的细节；靠近中心的点代表物面的低频成分，反映物的背景和轮廓；中心亮点是零频，不包含任何物的信息，所以反映在像面上呈现均匀光斑而不能成像。

（3）光点的方向指出物平面上该频率成分的方向，例如横向的光点表示物面有纵向条纹或栅缝。

（4）光点的强弱代表物面上该频率成分的幅度大小。

4.2.2.2　空间滤波

根据阿贝成像原理，如果在频谱面上使用空间滤波器（如小孔、狭缝、移相板等），改变频谱面上的光场分布，相当于选择性地去掉、通过某空间频率成分或改变振幅和位相，就能够使像平面中某频率成分得到加强或减弱，从而改变物体的像，这就称为空间滤波。

最简单的空间滤波器有：

（1）低通滤波。例如，使用一个圆孔作为低通滤波器，它能够滤去高频成分，保留低频成分。由于图像的精细结构及突变部分主要取决于高频成分，所以低通滤波后的图像精细结构消失，突变处变得模糊。

（2）高通滤波。例如，使用一个圆不透光屏作为高通滤波器，它能够滤去低频成分，保留高频成分。其作用正好与低通滤波相反，使物的细节及边缘清晰了。

（3）方向滤波，方向滤波器为狭缝或黑线。例如，使用一个横向狭缝作为方向通滤波器，它能够只让横向频率成分通过，则像面上突出了物的纵向线条。

根据频谱面上的频谱分布，可设计更加复杂的滤波器，从而实现多种复杂的光学操作，如图像相加、相减、微分、匹配识别等。

4.2.2.3　阿贝成像原理和空间滤波实验光路

本实验的阿贝成像原理和空间滤波光路如图 4-16 所示。其中，K 是电子快门，M_1、M_2 是反射镜，L_0 是扩束透镜，S_F 是针孔滤波器，D 是光阑，L_c 是准直透镜，L_1、L_2 是傅里叶变换透镜（凸透镜）。

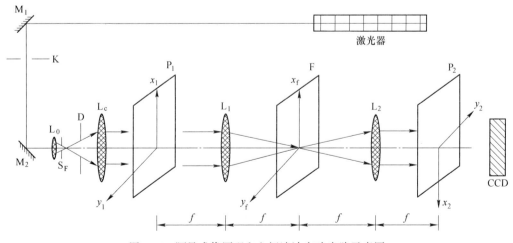

图 4-16　阿贝成像原理和空间滤波实验光路示意图

激光器发射的细光束，经 M_1 反射通过电子快门（可控制通过时间），再被 M_2 反射经 L_0 会聚成非常小的光点，该光点通过 S_F 滤除杂散（高频）成分后变成发散光束，使用 D 控制发散角，接着借助 L_c 将发散光束转化为平行光束。这束平行光通过 L_1 会聚，再经 L_2 变为平行光束，到达 CCD 探测器上。需要注意的是，L_c 和 L_0 是共焦点的，L_1 和 L_2 是共焦点的。物平面 P_1 位于 L_1 的前焦平面上，频谱面 F 位于 L_1 的后焦平面以及 L_2 的前焦平面上，像平面 P_2 位于 L_2 的后焦平面上。L_1 和 L_2 构成所谓的"4f 系统"。

实际搭建光路时，根据实验条件和光学平台大小，可不使用 M_1、M_2 以及 CCD 探测器。

4.2.3 实验设备介绍

本实验使用的 He-Ne 激光器，发射波长为 632.8nm 的激光。

搭建光路需要的主要光学元器件包括光束扩束套件（含扩束镜、25μm 针孔滤波器）、光阑、一个准直透镜（焦距 150mm），两个傅里叶透镜（焦距 300mm），如图 4-17 所示。

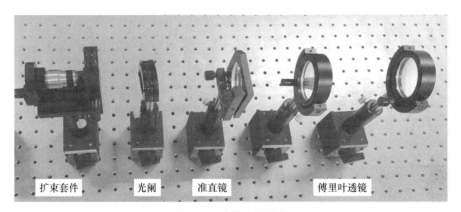

图 4-17　光路主要器件

此外，还需要网格、镂空文字、胶片图像、一维光栅、正交光栅、可调狭缝等辅助器件，以及光具座、干板架、观察屏、机械调节架若干，如图 4-18 所示。

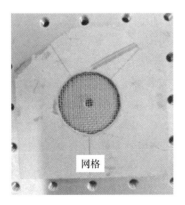

图 4-18　主要辅助器件

4.2.4 实验操作规程及主要现象

（1）搭建阿贝成像光路，用光栅、网格、文字、图像等作为物体，观察分析频谱面和成像面上的现象（基础内容）。

为便于搭建调整光路，每个光学镜片均安装在支架中，如图4-2所示。镜片夹具上有精细调节旋钮，底座上有磁吸开关。

特别需要注意的是，搭建光路过程中，每个元器件要做到：1）夹具与支杆连接处紧固；2）粗略调整镜片高度、俯仰、偏转时松开支杆与套筒连接点；3）精细调整镜片高度、俯仰、偏转时用夹具上的细调旋钮；4）移动时关闭磁吸，摆放到位后打开磁吸。

1）完成激光束调平，详见4.1.4第（1）步。

2）对光路搭建所需的元器件进行逐个调整，使它们的光轴与激光束相同。其中，对于透镜，可让激光束通过并测量远处光点的高度；对于反射镜、分束镜等反射器件，可在光学平台远端反射激光束至激光器出口附近，观测光点高度，如图4-19所示。

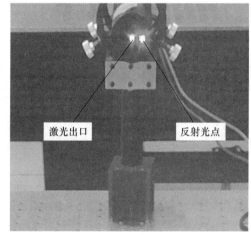

图4-19 调节各元器件光轴与激光束同轴

3）借助光屏摆放并调整光束扩束套件，详见4.1.4第（2）步。

4）借助光屏摆放光阑，详见4.1.4第（3）步。

5）借助两个光屏摆放准直透镜，详见4.1.4第（4）步。

6）摆放一个傅里叶透镜，使其与准直镜的距离大于傅里叶透镜的焦距（本实验中为30mm），并注意预留合适空间（用于下一步摆放物平面）；然后摆放另一个傅里叶透镜；此时从第二个傅里叶透镜出射的激光束应是平行光束，如图4-20所示。两个傅里叶透镜摆放到位后，拧开底座磁吸。

7）在光路中找出物平面、频谱面、像平面，并分别放置夹具以便下步实验（注意：及时拧开磁吸固定）。其中，物平面位于准直镜后、第一个傅里叶透镜前焦面位置，频谱面位于第一个傅里叶透镜后焦面、第二个傅里叶透镜前焦面位置，像平面位于第二个傅里叶透镜后焦面位置。完整光路如图4-21所示。

8）在物平面上放置金属丝网格，在频谱面上放置光屏，观察网格的空间频谱；将频

图 4-20 两个傅里叶透镜摆放及调整

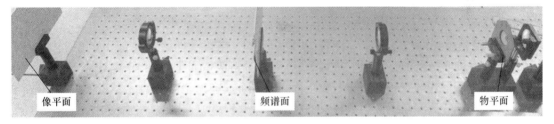

图 4-21 阿贝成像原理及空间滤波光路

谱面上的光屏卸下，在成像面上观察网格的成像，如图 4-22 所示。

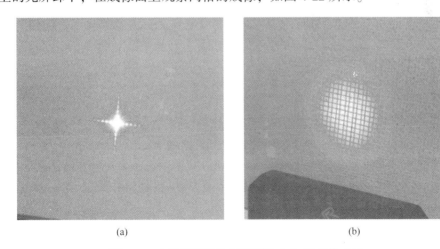

(a)   (b)

图 4-22 金属丝网格的空间频谱（a）及成像（b）

9）在物平面上放置镂空文字，在频谱面上放置光屏，观察网格的空间频谱；将频谱面上的光屏卸下，在成像面上观察网格的成像，如图 4-23 所示。

(a)   (b)

图 4-23 镂空文字的空间频谱 (a) 及成像 (b)

10）在物平面上更换物体，分别观察对应的空间频谱和成像，然后进行下一步实验内容。

（2）用光栅、网格、文字、图像等作为物体，在频谱面上应用简单的空间滤波器（方向通、方向阻、低通、高通、带通等），观察分析成像变化（基础内容）。

1）利用所搭建的完整光路，若物平面上放置金属丝网格（注意：尽量使网格横线与光学平台表面平行），频谱面上放置横向狭缝，观察网格成像横线消失，如图 4-24 所示。

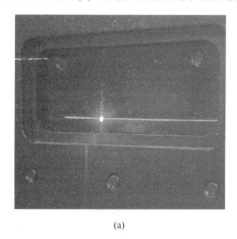
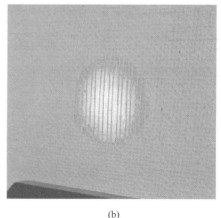

(a)   (b)

图 4-24 横方向通滤波器 (a) 及网格成像 (b)

2）在物平面上放置镂空文字，频谱面上放置小孔，观察镂空文字成像边缘模糊，如图 4-25 所示；频谱面上放置高通滤波器，观察镂空文字成像边缘明亮，如图 4-26 所示。

3）更换物平面上的物体，在频谱面上放置各种空间滤波器（或自制空间滤波器），观察成像变化。

4）实验完毕，关闭激光器电源，整理光学元器件。

（3）用文字、图像等作为物体，结合正交光栅，利用空间滤波器筛选出某一衍射级，

图 4-25　低通滤波器及镂空文字成像

图 4-26　高通滤波的镂空文字成像

观察分析成像结果（拓展内容）。实验步骤与上述类似，不再赘述。

4.2.5　数据记录、处理与误差分析

4.2.5.1　数据记录与处理

本实验主要是定性观察，数据记录和处理示例见实验内容（1）。

4.2.5.2　误差原因分析

（1）光路搭建与调整至关重要，应仔细认真，否则实验现象非常不理想。

（2）两个傅里叶透镜若不共焦，则频谱面上的现象不正确。

（3）在空间滤波器实验内容中，空间滤波器的位置影响成像现象。比如在频谱面上放置低通滤波器时，若孔很小，位置偏差容易导致无成像或部分成像。

（4）还有其他影响实验现象观察的因素，比如扩束套件调整不到位导致出光强度低、傅里叶透镜存在俯仰或偏转使得频谱面和成像面扭曲等。

4.2.6　实验操作拓展

（1）设计一张带有圆形棋子棋盘的底片作为物体，如图 4-27 所示。若要去掉棋盘的网格而保留棋子，请提出可行方案并进行实验验证。

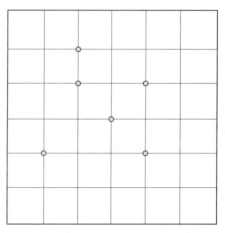

图 4-27　带有圆形棋子的棋盘示意图

（2）采用其他单色光源（例如钠灯）代替激光进行实验，观察实验现象，并进行分析讨论。

4.3　傅里叶变换全息图实验

1947 年，盖博（Gabor）发现全息技术，但是直到激光发明后光学全息图才得以开始应用。全息图记录了物体光波，也就记录下物体的信息。从另一个角度说，物体光波可以通过傅里叶变换（即将某个函数表示成三角函数或者它们的积分的线性组合），转换为按照空间频率进行分类分布的傅里叶频谱。记录了物体的傅里叶频谱光波，同样可得到包含物体信息的全息图，即傅里叶变换全息图。

传统的全息图记录的是参考光波与物体光波的干涉图，常常需占用较大面积的记录介质，虽然具有很好的冗余性，但是无法实现压缩存储。傅里叶变换全息图记录的是参考光波与物体傅里叶变换谱分布的干涉，有利于实现信息的压缩记录，而且可应用于光学空间滤波、特征识别、图像处理等方面。

4.3.1　实验目的、内容与要求

4.3.1.1　实验目的

理解透镜的傅里叶变换性质以及傅里叶变换全息图的基本原理，进一步理解空间频率及其分布特性，掌握光学信息存储和提取信息的一般方法。

4.3.1.2　实验内容与要求

（1）搭建并调整光路，用透明片作为物体记录傅里叶变换全息图，并对再现像进行观察分析（基础内容）。

（2）用细光束直接照射全息图，对再现时成像方向与原光束方向的夹角以及该夹角随入射角度的变化情况进行观察记录（拓展内容）。

4.3.2 简要原理

4.3.2.1 透镜的傅里叶变换性质

将二维透明物体放置于透镜前，物平面与透镜的距离为 z_1，像平面与透镜的距离为焦距 f，如图 4-28 所示。

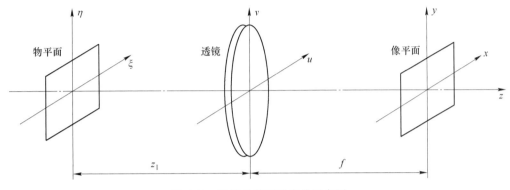

图 4-28 透镜的傅里叶变换示意图

若忽略光瞳的影响，设物体的光波场函数为 $U_0(\xi, \eta)$，则当 $z_1 = f$ 时，当像平面上获得的光场分布 $U_i(x, y)$ 为

$$U_i(x, y) = \frac{j}{\lambda f} \int\int_{-\infty}^{\infty} U_0(\xi, \eta) \exp\left[-\frac{2\pi}{\lambda f}(\xi x + \eta y)\right] \mathrm{d}\xi \mathrm{d}\eta = \frac{j}{\lambda f} F\{U_0(\xi, \eta)\}\Big|_{f_x = \frac{x}{\lambda f}, f_y = \frac{y}{\lambda f}}$$

(4-6)

可见，当物平面位于透镜前焦面上时，透镜后焦面上得到物体复振幅函数的准确傅里叶变换。因此，透镜的后焦面称为傅里叶变换平面或频谱面，该面上每一点 (x, y) 处的光场复振幅大小正比于物平面光场复振幅分布进行傅里叶变换后的频率为 $f_x = \dfrac{x}{\lambda f}$、$f_y = \dfrac{y}{\lambda f}$ 的分量，即正比于空间频率为 $f_x = \dfrac{x}{\lambda f}$、$f_y = \dfrac{y}{\lambda f}$ 的频谱分量。

透镜的傅里叶变换实现了物体光波场的重新分布，此分布按照空间频率进行空间分类，且（光瞳足够大时）理论上可包含物体的全部信息；而且，由于像平面位于焦平面上，在平面波照射下，主要的光能量将集中于较小部分，实现了图像的分类与压缩。

4.3.2.2 傅里叶变换全息图的基本原理

A 傅里叶变换全息图的记录

图 4-29 为傅里叶变换全息图的形成和记录光路示意图。其中，M_1、M_2、M_3 是平面反射镜，K 是电子快门，BS_1 是分束镜，L_0 是扩束透镜，S_F 是针孔滤波器，D 是光阑，L_c 是准直透镜，L 是傅里叶变换透镜（凸透镜），O 是二维透明物体，P 是全息干板。

激光器发射的细光束，经 M_1 反射通过电子快门（可控制通过时间），BS_1 分成两束：

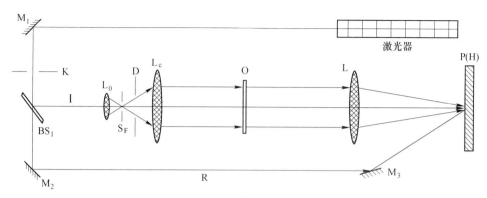

图 4-29　傅里叶变换全息图记录光路示意图

一束为物光（标有 I），经 L_0 会聚成非常小的光点，该光点通过 S_F 滤除杂散（高频）成分后变成发散光束，使用 D 控制发散角，接着借助 L_c 将发散光束转化为平行光束。这束平行光透过 O 经 L 会聚到达 P 上。

另一束为参考光（标有 R），依次被 M_2、M_3 反射，到达 P 上与物光重合。

需要注意的是，L_c 和 L_0 是共焦点的，O 位于 L 的前焦面上，P 位于 L 的后焦面上。实际搭建光路时，根据实验条件和光学平台大小，可不使用 M_1、M_3。

参考光可近似看作一束平面波 $R(x, y)$，设其与傅里叶透镜光轴的夹角为 θ。可将参考光看作某一点光源 $r = R_0\delta(\xi, \eta + b)$ 经与 L 同样的傅里叶透镜（孔径足够大）得到的频谱，则

$$R(x, y) = F\{R_0\delta(\xi, \eta + b)\} = R_0\exp(j2\pi yb) \tag{4-7}$$

式中空间频率 $y = \sin\theta/\lambda$，点光源坐标 $b = f\tan\theta$。

进一步，若设物体的傅里叶频谱为 $T(x, y)$，那么 P 上的光场分布为

$$\begin{aligned}
I(x, y) &= |T(x, y) + R(x, y)|^2 \\
&= R_0^2 + |T(x, y)|^2 + R_0 T(x, y)\exp(-j2\pi yb) + R_0 T^*(x, y)\exp(j2\pi yb)
\end{aligned}$$

$$\tag{4-8}$$

式中第一项为点光源照明的光强项，第二项为物体成像的光强项，第三项可认为是物体的空间频谱项，第四项可认为是物体共轭像的空间频谱项。

采用全息干板线性记录上述光场分布，则记录的是物体的傅里叶频谱，从而得到了物体的傅里叶变换全息图。

B　傅里叶变换全息图的再现

对傅里叶变换全息图进行逆傅里叶变换后，将在傅里叶透镜的后焦面上得到复振幅分布

$$\begin{aligned}
g(\xi, \eta) &= F^{-1}[I(x, y)] \\
&= R_0^2\delta(\xi, \eta) + |T|^2\delta(\xi, \eta) + R_0 t(\xi, \eta)\delta(\xi, \eta - b) + R_0 t^*(\xi, \eta)\delta(\xi, \eta + b)
\end{aligned}$$

$$\tag{4-9}$$

式中，第一项和第二项为点光源和原物体振幅透过率的自相关函数，在焦点附近叠加形成光晕，光强较集中，无法辨出物体信息；第三项为物体振幅透过率函数的复振幅，即为物体的成像（正像）；第四项为物体振幅透过率函数复共轭的复振幅，即为物体的共轭像

（倒像）。

由于全息干板记录的为频谱全息图，在进行存储图像的再现时，必须要再经过透镜的傅里叶变换，才能看出物体所成的像。

4.3.3 实验设备介绍

本实验使用的 He-Ne 激光器，发射波长为 632.8nm 的激光。

搭建光路需要的主要光学元器件包括电子快门、分束镜、平面反射镜、光束扩束套件（含扩束镜、25μm 针孔滤波器）、光阑、一个准直透镜（焦距 150mm），两个傅里叶透镜（焦距 300mm），如图 4-30 所示。

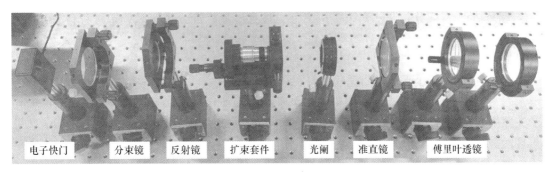

图 4-30　光路主要器件

此外，还需要胶片图像、金属丝网格、全息干板等辅助器件，以及光具座、干板架、观察屏、机械调节架若干，如图 4-31 所示。

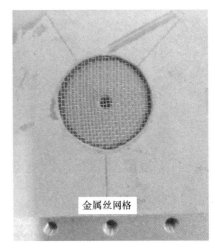

图 4-31　主要辅助器件

4.3.4 实验操作规程及主要现象

（1）搭建并调整光路，用透明片作为物体记录傅里叶变换全息图，并对再现像进行观察分析（基础内容）。

为便于搭建调整光路，每个光学镜片均安装在支架中，如图 4-2 所示。镜片夹具上有精细调节旋钮，底座上有磁吸开关。

特别需要注意的是，搭建光路过程中，每个元器件要做到：1）夹具与支杆连接处紧固；2）粗略调整镜片高度、俯仰、偏转时松开支杆与套筒连接点；3）精细调整镜片高度、俯仰、偏转时用夹具上的细调旋钮；4）移动时关闭磁吸，摆放到位后打开磁吸。

1）完成激光束调平，详见 4.1.4 第（1）步。

2）对光路搭建所需的元器件进行逐个调整，详见 4.1.4 及图 4-19。

3）靠近激光出口摆放分束镜（见图 4-7），到位后打开磁吸。注意：被分束镜反射、透射的两束激光夹角不可太大，在分束镜与激光出口之间预留电子快门的空间。

4）借助光屏摆放并调整光束扩束套件，注意尽量靠近分束镜。调节过程详见 4.1.4 第（2）步。

5）借助光屏摆放光阑，详见 4.1.4 第（3）步。

6）借助两个光屏摆放准直透镜，详见 4.1.4 第（4）步。

7）摆放一个傅里叶透镜，详见 4.2.4 实验内容（1）的第 6）步。注意：图 4-29 所示光路中准直镜后只需摆放一个傅里叶透镜，此处摆放两个傅里叶透镜是因为：①全息图再现时需要用到第二个傅里叶透镜；②第二个傅里叶透镜对全息图记录不会造成影响。

8）在光路中找出物平面、频谱面、像平面，详见 4.2.4 实验内容（1）的第 7）步。

一般地，可用金属丝网格作为物体以便确定频谱面位置，当光屏上由分立点构成的亮十字非常清晰时，可认为该位置为频谱面，如图 4-32 所示。

(a)   (b)

图 4-32   物体为金属丝网格（a）及其空间频谱（b）

9）将带有镂空文字的胶片（见图 4-18）作为物体置于物平面上，然后在参考光路上摆放反射镜。调整反射镜使得频谱面（光屏）上物体的零频空间频谱（最亮点）位于参考光光点中心，如图 4-33 所示。注意：为便于控制物光与参考光的光强比，在参考光路上摆放可变衰减片。利用可变衰减片调节参考光强与物光强之比（约 2:1）。

10）在激光器出光口与分束镜之间摆放电子快门，如图 4-34 所示。

图 4-33　参考光路搭建及调整

图 4-34　电子快门

设置电子快门的开启时间方法为：在图 4-10 所示的 GCI-73 多功能电子定时器前面板上点击"set"，选择"3：参数设置"并点击"set"，选择"1：开定时（To）"并点击"set"，左右移动光标至某一数位后，通过上下键修改数值，完成后点击"set"。

11）光路搭建完毕，下面进行全息图记录。在频谱面处支架上安装光屏，检查该支架高度是否合适，确保物光及参考光光点能够照射到干板上。检查完毕后移除光屏。

12）在闭光环境下，将全息干板（感光面朝向物面）固定在频谱面处的支架上，采用两次曝光法记录全息图：①只遮挡物光，打开电子快门进行第一次曝光，此次只有参考光照射到干板上；②物光和参考光均不遮挡，打开电子快门进行第二次曝光，此次物光和参考光均照射到干板上。注意：曝光时间与环境条件、光强、干板特性等因素有关。

13）注意：①保持光路。在闭光环境下，将制作的全息干板依次进行显影、停显、定影处理，然后用自来水冲洗干净，用吹风机热风吹干。②干板在定影完成之前须处于闭光环境，定影之后才可承受环境光；显影、停显、定影处理时干板的感光面朝上，干板之间不要堆叠；显影、停显、定影时间与干板特性、环境温度等有关；冲洗时避免大水流直接冲刷感光面；吹干时避免风力过大、过热。

14）将制作好的全息图（干板上的黑点）安装在原光路频谱面处的支架上（感光面

朝向物面），遮挡物光，调节可变衰减片使参考光强最大，仔细调整干板位置，用参考光照射全息图，观察记录成像面（第二个傅里叶透镜的后焦面）上的像，如图 4-35 所示。

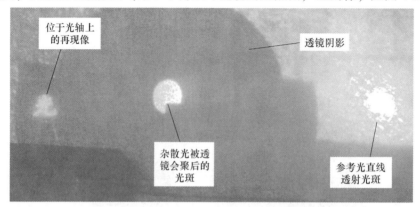

图 4-35　在原记录光路中用参考光再现时的像

（2）用细光束直接照射全息图，对再现时成像方向与原光束方向的夹角以及该夹角随入射角度的变化情况进行观察记录（拓展内容）。

1）使全息图（干板上的黑点）位于傅里叶透镜的前焦面上，用激光器出射光束直接照射全息图，观察傅里叶透镜后焦面上的成像情况。

2）尝试改变激光照射全息图的角度，观察记录成像角度并记录。

4.3.5　数据记录、处理与误差分析

4.3.5.1　数据记录与处理示例

本实验结果可通过拍照记录，数据记录和处理示例见 4.3.1.2 的第（1）步。

4.3.5.2　误差原因分析

影响傅里叶全息图制作及再现的因素很多、很复杂，例如以下方面：

（1）光路搭建与调整非常关键，应仔细认真，否则容易导致实验失败。

（2）干板感光面应尽量准确地位于频谱面上，感光面处参考光与零频空间频谱的是否重合，直接决定全息图制作能否成功，需要反复检查确认。

（3）参考光强与物光强之比对结果影响很大，如条件允许，建议使用光功率计以便定量判断。

（4）曝光时间过长容易导致全息图透光率过低，再现像非常微弱以至于无法观察到。

（5）显影、定影时间也是重要影响因素，且与光强、曝光时间、干板特性、试剂特性等因素相关联。

4.3.6　实验操作拓展

（1）如果在记录傅里叶全息图时，参考光光点偏离（未覆盖住）物光的零频空间频谱，能够制作出傅里叶全息图吗？尝试调整光路并进行实验。

（2）如果在记录傅里叶全息图时，干板感光面（向前或向后）稍微偏离频谱面一小段距离，对全息图的记录及其再现像有无影响？这种情况下记录的全息图，若用细激光束直接垂直照射，会是什么结果？尝试提出光路并搭建完成实验。

5 薄膜光学实验

对薄膜的研究最早可以追溯到 17 世纪对潮湿地面或水面上油膜的彩色条纹的解释。在 R. Boye、R. Hooke 和 I. Newton 观察到在液体表面上液体薄膜产生的相干彩色花纹后，各种制备薄膜的方法和手段相继诞生。虽然薄膜技术不断发展，但其应用最早只局限于抗腐蚀和制造镜面。只有在制备薄膜的真空系统和检测系统有了长足进步以后，薄膜的重复性才大有改观。

光学薄膜的制备与光学参数测量，涉及薄膜物理学、薄膜光学、镀膜工艺技术及光学检测技术等多门学科知识，是应用很广的技术。

本章的实验能够学习并熟悉真空镀膜技术，通过椭圆偏振法测量薄膜的折射率和厚度，通过双光束分光光度法测量薄膜样品的透射率和反射率，这些参数都是光学薄膜重要的特性参数。

5.1 真空镀膜实验

为了对物体（基片或基体）的物理化学性能进行改善、改变或保护等，常常需要在物体表面镀膜。20 世纪 70 年代，在基片表面镀膜的方法主要是湿式镀膜法（电镀法和化学镀法）。电镀法的薄膜厚度难以控制，且要求基体必须是良导电体。化学镀法的薄膜结合强度差，厚度不均匀也不易控制，还会产生大量废液。因此，这两种方法的镀膜受到了很大的限制。

真空镀膜是一种新颖的干式镀膜技术，就是在真空条件下，利用电子束、分子束、离子束、等离子束、射频和磁控等使得金属、合金或化合物蒸发或溅射，进一步在待涂覆物体（基片或基体）上凝固并沉积形成薄膜。真空镀膜技术一般分为物理气相沉积（PVD）和化学气相沉积（CVD）两大类。物理气相沉积包括真空蒸发镀、真空溅射镀、真空离子镀等，所制薄膜具有结合力好、均匀致密、厚度可控性好、重复性好等优点。化学气相沉积技术是把含有构成薄膜元素的单质气体或化合物供给基体，借助气相作用或基体表面上的化学反应，在基体上制作出金属或化合物薄膜的方法。

真空镀膜技术被誉为最具发展前途的重要技术之一，正在向航空、航天、电子、机械、化工、环保、军事等重要的科学研究领域延伸，在高技术产业中应用前景广阔。

5.1.1 实验目的、内容与要求

5.1.1.1 实验目的
了解真空的获得和测量方法，掌握真空镀膜的原理和基本工艺过程。

5.1.1.2 实验内容与要求
（1）用机械泵和油扩散泵抽取真空，用电离真空规测量真空度，并采用电阻加热真

空蒸发方式在玻璃或石英基片上制备单层铝膜（基础内容）。

（2）采用电阻加热真空蒸发方式，在玻璃或石英基片上制备单层介质膜（拓展内容）。

5.1.2 简要原理

我国目前对真空区域的划分尚没有统一的规定。美国真空学会对真空区域是按如下区域进行划分的：低真空 $10^5 \sim 10^3$ Pa；中真空 $10^3 \sim 10^{-1}$ Pa；高真空 $10^{-1} \sim 10^{-4}$ Pa；甚高真空 $10^{-4} \sim 10^{-7}$ Pa；超高真空 $10^{-7} \sim 10^{-10}$ Pa；极高真空 10^{-10} Pa 以下。

获得真空需要借助真空泵。真空泵可分为排气型、吸气型两大类：排气型真空泵利用内部的压缩机构将气体压缩到排气口再排出泵体之外；吸气型真空泵则是借助吸气剂将气体分子吸附在其表面，使被抽容器保持真空。不同真空泵的有效工作压强范围不同，特点也不同，如图 5-1 所示。

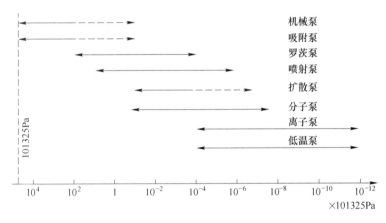

图 5-1　几种真空泵的工作压强范围

获得低真空常采用机械泵。机械泵可在常压（101325P，即 1 个大气压）下启动，极限真空度可达 10^{-1}Pa。获得高真空常使用扩散泵、分子泵等。通常的真空系统至少包含两级真空泵。本实验中所用的 H44500B 型镀膜机采用机械泵作为前级泵、油扩散泵作为二级泵，而 ZZS-700 型镀膜机采用机械泵作为前级泵、分子泵作为二级泵（见附录 B）。

真空度的测量需要借助真空计（真空规）。不同种类的真空计有不同的测量范围，称为真空计的量程。若真空度不高，使用初级真空计或者绝对真空计（如压强计）即可进行直接测量；若真空度较高，需要借助次级真空计或者相对真空计进行间接测量。本实验采用电离真空计测量真空度。

真空镀膜就是在高真空状态下，利用物理方法在镀件表面镀上一层薄膜的技术，按其方式不同可分为真空蒸发镀膜、真空溅射镀膜和现代发展起来的离子镀膜。本实验介绍真空蒸发镀膜。

真空蒸发镀膜就是把基底材料放置在真空度不低于 10^{-2} Pa 的高真空环境中，用电阻加热或电子束或激光束轰击等方法把要蒸发的材料加热到一定温度，使材料中分子或原子的热振动能量超过表面的束缚能，从而使大量分子或原子蒸发或升华，然后沉积到基底表面而形成薄膜的方法，如图 5-2 所示。

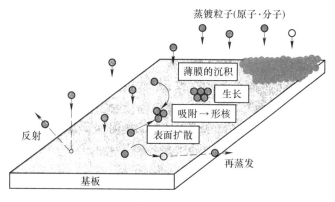

图 5-2　薄膜形成过程示意图

5.1.3　实验设备介绍

实验设备为 H44500B 型真空镀膜机主要由真空系统、电控系统、样品仓、水冷系统等构成，如图 5-3 所示。

5.1.3.1　真空系统

真空系统由真空控制、机械泵、油扩散泵、真空测量装置等组成，工作原理如图 5-4 所示。当对样品仓抽低真空时，只需打开低真空阀，同时关闭高真空阀和预真空阀，从而只有机械泵对样品仓有抽气作用。当样品仓达到一定真空度时，在关闭低真空阀后，才可打开预真空阀和高真空阀，使得扩散泵对样品仓抽气，所抽气体经机械泵排出。

图 5-3　H44500B 型真空镀膜机

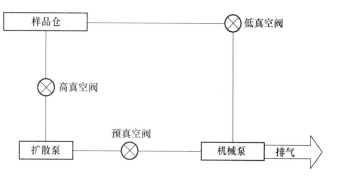

图 5-4　真空系统工作原理图

（1）真空控制区。真空控制用于控制两级真空泵对样品仓抽真空，位于镀膜机前面板上，如图 5-5 所示。真空控制区的阀门及作用包括：

1）机械泵放气。用于机械泵停止工作后与大气连通，防止机械泵油倒吸进入管道及样品仓。

2）蒸发室放气。用于对样品仓破真空，以便打开样品仓进行放置膜料、装卡基片、清理等工作。

3）高真空阀。用于控制扩散泵是否与样品仓连通，从而控制机械泵是否对样品仓抽气。

4）低真空阀。用于控制机械泵是否与样品仓连通，从而控制机械泵是否对样品仓抽气。

5）预真空阀。用于控制机械泵与扩散泵是否连通，当扩散泵预热、抽气、降温时均需要打开。

图 5-5　镀膜机前面板的真空控制区

（2）机械泵。本实验采用的是旋片式油机械泵，运用机械方法改变泵内吸气空腔的容积，使被抽容器内气体的体积不断膨胀压缩从而获得真空。泵体及其结构示意图如图5-6所示。

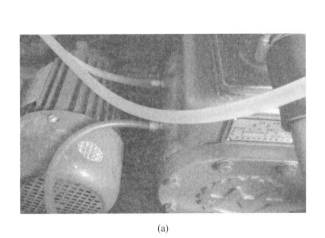

(a)

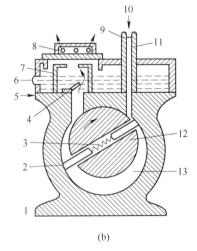

(b)

图 5-6　旋片式机械泵（a）及其结构示意图（b）

1—定子；2—旋片；3—弹簧；4—排气阀；5—放油阀；6—油标；7—油气分离室；
8—排气孔；9—进气滤网；10—进气口（接至被抽系统）；11—进气管；12—转子；13—工作室

旋片式油机械泵由一个定子和一个偏心转子构成。定子为一圆柱形空腔，空腔上有进气管和出气阀门，转子的顶端保持与空腔壁接触，转子上开有槽，槽内安放了由弹簧连接的两个刮板。当转子旋转时，两刮板的顶端始终沿着空腔的内壁滑动。整个空腔放置在油箱内。工作时，转子带动旋片旋转，就有气体不断排出，完成抽气作用。

旋片旋转时的几个典型位置如图 5-7 所示。当刮板 A 通过进气口［见图 5-7（a）所示位置］时开始吸气，随着刮板 A 的运动，吸气空间不断增大；到图 5-7（b）所示位置时达到最大，此时开始压缩气体。刮板继续运动，当刮板 A 运动到图 5-7（c）所示位置时，排气阀门自动打开，气体被排到大气中。之后刮板继续运动［见图 5-7（d）］，进入下一个循环。整个泵体必须浸没在机械泵油中才能工作，泵油起着密封润滑和冷却的作用。

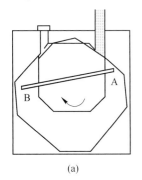 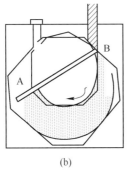 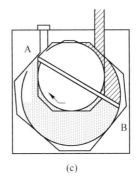 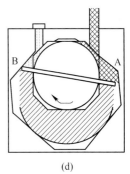

| (a) | (b) | (c) | (d) |

图 5-7　旋片典型位置示意图

（3）油扩散泵。油扩散泵及其工作原理如图 5-8 所示。油扩散泵利用气体扩散现象实现抽气，工作原理是通过加热釜加热处于泵体下部的扩散泵油，沸腾的扩散泵油蒸气沿着伞形喷口高速向上喷射，遇到顶部阻碍后沿着外周向下喷射。扩散泵泵体通过冷却水降温。在向下喷射过程中与气体分子发生碰撞，将经前级泵抽过的待抽真空体系中残余气体分子带向前级泵抽气口而被抽走。此时扩散泵油在到达泵壁时被冷却水冷却后凝聚，返回到加热釜中被加热气化，重新利用。为了提高抽气效率，扩散泵通常由多级喷油口组成。

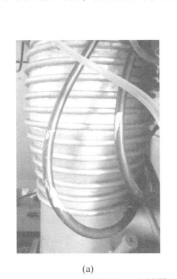 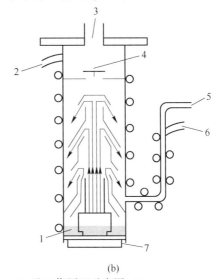

| (a) | (b) |

图 5-8　油扩散泵（a）及工作原理示意图（b）

1—泵油；2—冷却水；3—接样品仓；4—挡板；5—接机械泵；6—水出口；7—加油器

（4）真空测量装置。本实验采用电离真空计进行真空测量，如图 5-9 所示。电离真空计与样品仓连通，通电后灯丝发射电子，在正电压栅极的作用下向收集极高速运动。电子在运动过程中撞击气体分子使其电离，所产生的正离子被外围圆筒形收集极收集并形成电流。在一定压强范围内，离子流与气体分子浓度近似满足线性关系

$$P = \frac{1}{K} \cdot \frac{I_\mathrm{i}}{I_\mathrm{e}} \tag{5-1}$$

式中　　I_e——电子电流；

　　　　I_i——阳离子电流；

　　　　K——电离真空计的灵敏度。

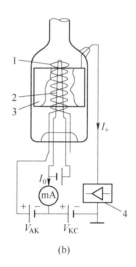

(a)　　　　　　　　　　　(b)

图 5-9　电离真空计（a）及其工作原理示意图（b）

1—阳极栅；2—阴极灯丝；3—离子收集极；4—离子流放大器

可见，根据离子流大小可以测出真空度。电离真空计是高真空领域的主要真空计，也是超高真空、极高真空领域唯一实际可用的真空计。

需要特别注意的是，当压强高于 10^{-1} Pa 或突然漏气时，灯丝会因高温很快被氧化烧毁。因此，必须在真空度达到 10^{-1} Pa 以上时才可开启电离真空计。

5.1.3.2　电控区

电控区位于镀膜机前面板上，主要包括电极切换、开关组、调节旋钮组等，如图 5-10 所示。

（1）电极切换用于选择样品仓内的装卡了钼舟的电极通电工作，而其他电极不通电工作。

（2）按钮开关组包含的按钮及作用如下：

1）电源。用于控制整机是否通电。

2）机械泵和扩散泵。分别用于控制机械泵、扩散泵是否通电并启动。

3）工件转动。用于控制承载基片的托盘是否转动，一般镀膜时需要转动，以便镀膜厚度均匀。

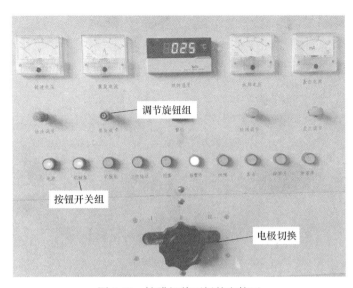

图 5-10　镀膜机前面板的电控区

4）阻蒸。用于控制钼舟是否通电加热。

5）烘烤。用于控制是否对样品仓烘烤，以提高样品仓真空度。

6）轰击。用于控制是否进行离子轰击，以去除杂质粒子。

7）钟罩升和钟罩降。用于打开和关闭样品仓，使用时持续按下才有效。

（3）调节旋钮组包含的旋钮及作用如下：

1）转速调节。当工件转动按钮打开时才有效，用于控制承载基片的托盘的转速；相应电压大小显示在转速电压表中，电压值越大转速越快。

2）蒸发调节。阻蒸按钮按下时才有效，用于控制流经电极（钼舟）的电流；相应蒸发电流大小显示在蒸发电流表中，电流越大钼舟温度越高。

3）烘烤调节。当烘烤按钮打开时才有效，用于控制烘烤温度；相应电压大小显示在烘烤电压表中，电压越大烘烤温度越高，烘烤温度显示在烘烤温度数字表中。

4）轰击调节。当轰击按钮打开时才有效，用于控制轰击强度；相应电流值显示在轰击电流表中，电流越大轰击强度越高。

5.1.3.3　样品仓

样品仓的主要结构包括基片托盘、扩散泵抽气口、机械泵抽气口、蒸发挡板、钼舟及电极、工转传动机构等，如图 5-11 所示。

基片托盘通过支撑杆与工转传动机构连接，通过外部的工转电机控制是否转动；扩散泵抽气口有一个圆形盖，由镀膜机前面板上的高真空阀控制是否打开；机械泵口无盖板，但由其下部紧邻的低真空阀控制是否与机械泵连通。

5.1.3.4　水冷控制区

水冷控制区位于镀膜机前面板上，包含钟罩水冷阀、电极水冷阀、机械泵水冷阀、扩散泵水冷阀、水挡板阀，均用于控制相应机构（部件）是否流通冷水，如图 5-12 所示。一般情况下，这些阀门均应打开，以确保镀膜过程正常。

图 5-11　样品仓

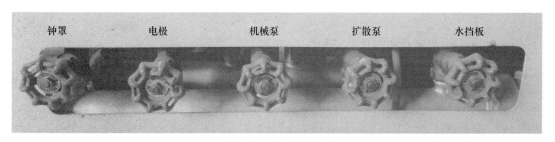

图 5-12　水冷控制区

5.1.4　实验操作规程及主要现象

（1）用机械泵和油扩散泵抽取真空，用电离真空规测量真空度，并采用电阻加热真空蒸发方式在玻璃或石英基片上制备单层铝膜（基础内容）。

1）开冷水或冷水循环，检查 H44500B 型镀膜机前面板上的水冷控制区的各个开关应为打开状态。

2）在 H44500B 型镀膜机前面板的真空控制区，顺时针旋转关闭以下阀门：机械泵放气、蒸发室放气、高真空阀、低真空阀、预真空阀。

3）开镀膜机供电闸，检查机械泵油面，在镀膜机前面板的电控区依次按下"总电源""机械泵"按钮。等待 2min 后机械泵运行稳定。

4）逆时针旋转打开"预真空阀"，检查扩散泵油，在电控区按下"扩散泵"按钮。注意：扩散泵油达到沸腾状态需要约 40min，这期间可装卡钼舟、膜料、基片安装等。

5）逆时针旋转打开"蒸发室放气"，听到样品仓破真空的气流声。

6）待破真空气流声消失，顺时针旋转关闭"蒸发室放气"；然后在电控区持续按下"钟罩升"按钮，将样品仓钟罩升起。

7）在电极上装卡钼舟（如已有钼舟不执行此步操作），如图 5-13 所示。在钼舟上放置铝丝作为膜料，注意将铝丝剪成约 1cm 长的小段，使用 4~6 小段即可，并置于钼舟中部。

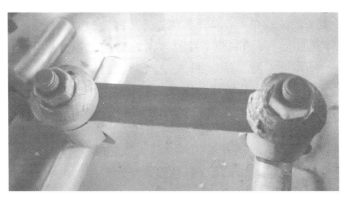

图 5-13　装卡在电极上的钼舟

8）将表面清洁后的基片安装于夹具内，再将夹具装卡在样品仓内的托盘上。注意：不可用手直接接触基片表面，尤其是朝向钼舟的一面。

9）在前面板电控区，持续按下"钟罩降"按钮，直至样品仓完全闭合。检查确认扩散泵油已沸腾，此时扩散泵处于正常工作状态。

10）顺时针旋转关闭"预真空阀"，然后逆时针旋转打开"低真空阀"，开始对样品仓抽低真空。等待约 5min，样品仓将达到一定真空度。

11）按下 ZDR-1 型宽量程真空计前面板的"电源"按钮，如图 5-14 所示。待数字显示表显示数值为"5.0 10^0"，此时样品仓的真空度达到 5Pa。待样品仓真空度达到 5Pa 以下，可进行下一步操作（注意：不可过早开启真空计电源，否则减少真空计寿命）。

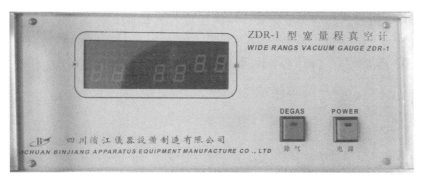

图 5-14　ZDR-1 型宽量程真空计

12）顺时针旋转关闭"低真空阀"，然后依次逆时针旋转打开"预真空阀""高真空阀"，开始对样品仓抽高真空，此时观察到 ZDR-1 型宽量程真空计的读数迅速降低。等待约 30min 或稍长，真空计读数小于 1.0×10^{-2}，此时表明样品仓真空度达到 10^{-3} Pa 量级。

13）按下镀膜机前面板电控区的"工件转动"按钮。顺时针缓慢旋转"转速调节"旋钮，使"转速电压"读数在 50～100V。检查工转电机是否工作、样品仓内托盘是否旋转，如图 5-15 所示。

14）旋转挡板控制，将挡板置于膜料上方。按下电控区的"阻蒸"按钮，顺时针缓慢旋转"蒸发调节"旋钮，使"蒸发电流"读数约为 180A，此时通过钟罩上的观察窗看

图 5-15　工转电机

到铝丝逐渐溶化成液态。

15）将膜料上方的挡板旋开，顺时针缓慢旋转"蒸发调节"旋钮，将电流加大至约 220A，开始镀膜。注意：由于放置于钼舟上的膜料较少，镀膜时间不可过长，否则钼舟容易烧断。

16）镀膜结束，逆时针缓慢旋转"蒸发调节"旋钮把蒸发电流降为零，关闭"阻蒸"（按钮灯灭）；逆时针缓慢旋转"转速调节"旋钮把转速电压降为零，关闭"工件转动"（按钮灯灭）。

17）依次顺时针旋转关闭"高真空阀""低真空阀"，再逆时针旋转打开"预真空阀"。关闭 ZDR-1 型宽量程真空计电源，关闭镀膜机前面板上的"扩散泵"（按钮灯灭）。

18）顺时针旋转打开"蒸发室放气"，对样品仓破真空，然后升钟罩，取样品，再关钟罩。

19）顺时针旋转关闭"预真空阀"，逆时针旋转打开"低真空阀"，对样品仓抽低真空约 3min。注意：此步骤的目的是保持样品仓在一定真空度，减少样品仓污染。

20）顺时针旋转关闭"低真空阀"，逆时针旋转打开"预真空阀"。待 30~40min（或更长时间）后扩散泵油不再沸腾，再顺时针旋转关闭"预真空阀"。

21）关闭电控区的"机械泵"（按钮灯灭），逆时针旋转打开"机械泵放气"旋钮（防止机械泵油倒吸进入样品仓），听到短暂的气流声，再顺时针旋转关闭"机械泵放气"旋钮。

22）实验完毕，关闭镀膜机前面板上的"总电源"（按钮灯灭），关闭冷水或冷水循环，关闭镀膜机供电闸。

（2）采用电阻加热真空蒸发方式，在玻璃或石英基片上制备单层介质膜（拓展内容）。

操作规程与实验内容（1）基本相同，不再详述。

5.1.5　数据记录、处理与误差分析

5.1.5.1　数据记录与处理示例

（1）油扩散泵启动时样品仓真空度：3.7×10^{0} Pa。

（2）镀膜开始时样品仓真空度：9.2×10^{-3} Pa。

（3）工转电压：80V。

（4）膜料：铝丝（Al）。

（5）基片：双面抛光石英（二氧化硅）片，直径 25.4mm，厚度 5mm。

（6）蒸发电流：预熔时 180A，镀膜时 225A。

（7）镀膜持续时间：约 40s（期间样品仓真空度最高升至 2.6×10^{-2} Pa）。

5.1.5.2　误差原因分析

（1）基片清洁度影响薄膜质量和附着力，若表面杂质较多，容易导致基片表面的膜层不均匀且容易脱落。

（2）样品仓清洁度太差（尤其是油气污染），容易导致镀膜失败。

（3）预熔膜料时的电流和时间与材料特性、样品仓条件等因素有关，需凭经验把握。

（4）由于无膜厚监测仪，镀膜厚度无法掌握。

除上述因素外，镀膜是个复杂工艺过程，影响因素多。若想获得高质量薄膜，需要摸索设备特性并积累丰富经验。

5.1.6 实验操作拓展

（1）通过实验确定机械泵能达到的极限真空度。

（2）通过实验确定油扩散泵能达到的极限真空度。

5.2 椭偏法测量折射率和厚度实验

椭圆偏振法（ellipsometry，简称为椭偏法）是指通过分析薄膜所反射的偏振光的改变来测量薄膜参数的方法，其基本思想源于德国物理学家德鲁德（Drude）。这种方法一开始并未得到广泛应用，主要原因是当时光源、探测器、计算机的性能不够。随着光电倍增管、激光的发明及计算机性能的提升，椭偏法的测量精度显著提高，迅速发展起来。

椭偏法是一种很敏感的薄膜性质测量方法，具有非接触、非破坏性的突出优点。基于椭偏法可分析得到材料的复折射率、介电张量等基本物理参数，从而便于研究各种材料的理化性质（包括形态、晶体质量、化学成分、导电性等）。椭偏法测量精度比一般干涉法高 1~2 个数量级，可分辨出比探测光波长小得多（甚至是单原子层）的薄膜厚度。因此，在半导体物理、光学、微电子学、纳米技术、生物和医疗等许多基础研究和工业技术领域都有广泛应用。

5.2.1 实验目的、内容与要求

5.2.1.1 实验目的

了解椭偏法测量薄膜参数的基本原理，掌握椭偏仪使用方法，学会测量光学薄膜的厚度和折射率。

5.2.1.2 实验内容与要求

（1）测量单层 SiO_2 薄膜（基片为 Si）的折射率和厚度（基础内容）。

（2）测量金属薄膜（如 Al 膜）的复折射率（拓展内容）。

5.2.2 简要原理

5.2.2.1 椭偏方程与薄膜折射率和厚度的测量

图 5-16 中，设待测样品是均匀涂镀在衬底上的光学均匀和各向同性的单层介质膜，它有两个平行的界面，n_1、n_2 和 n_3 分别为环境介质、薄膜和衬底的折射率，薄膜的厚度是 d。定义入射光、反射光、法线所构成的平面称为入射面。光波的电矢量可以分解成在入射面内振动的 p- 分量（即 p 波）和垂直于入射面振动的 s- 分量（即 s 波）。

当一束单色光以入射角 φ_1 入射到膜面上时，在界面 1 和界面 2 上将形成多次的反射和折射，在薄膜及衬底中的折射角分别为 φ_2 和 φ_3，那么反射光和折射光分别产生多光束

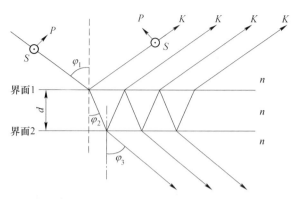

图 5-16　单层薄膜反射光的干涉

干涉。

用 E_{ip}、E_{is} 分别表示入射光波电矢量的 p-分量、s-分量，用 E_{rp}、E_{rs} 分别表示各束反射光 K_0，K_1，K_2，$\cdots$ 中电矢量的 p-分量之和、s-分量之和。根据菲涅耳（Fresnel）公式，有

$$E_{rp} = \frac{r_{1p} + r_{2p}\mathrm{e}^{-i2\delta}}{1 + r_{1p}r_{2p}\mathrm{e}^{-i2\delta}}E_{ip}, \quad E_{rs} = \frac{r_{1s} + r_{2s}\mathrm{e}^{-i2\delta}}{1 + r_{1s}r_{2s}\mathrm{e}^{-i2\delta}}E_{is} \tag{5-2}$$

定义薄膜对 p-分量和 s-分量的总反射系数分别为 R_p、R_s，则

$$R_p = \frac{E_{rp}}{E_{ip}}, \quad R_s = \frac{E_{rs}}{E_{is}} \tag{5-3}$$

定义反射系数比 ρ 如下

$$\rho = \frac{R_p}{R_s} = \frac{E_{rp}/E_{ip}}{E_{rs}/E_{is}} = \frac{r_{1p} + r_{2p}\mathrm{e}^{-i2\delta}}{1 + r_{1p}r_{2p}\mathrm{e}^{-i2\delta}} \times \frac{1 + r_{1s}r_{2s}\mathrm{e}^{-i2\delta}}{r_{1s} + r_{2s}\mathrm{e}^{-i2\delta}} = \tan\varPsi \cdot \mathrm{e}^{i\Delta} \tag{5-4}$$

此式称为椭偏方程。可见，ρ 应为一个复数，所以可以用 $\tan\varPsi$、Δ 表示它的模和幅角，其中 $\varPsi$ 和 Δ 被称为椭偏参数。

5.2.2.2　$\varPsi$ 和 Δ 的物理意义

将入射光、反射光的 p-分量、s-分量用复数表示为

$$E_{ip} = |E_{ip}|\mathrm{e}^{i\theta_{ip}}, \quad E_{is} = |E_{is}|\mathrm{e}^{i\theta_{is}}$$
$$E_{rp} = |E_{rp}|\mathrm{e}^{i\theta_{rp}}, \quad E_{rs} = |E_{rs}|\mathrm{e}^{i\theta_{rs}} \tag{5-5}$$

式中各绝对值为相应电矢量的振幅，θ 为相应界面处的位相。将这些复数表达式代入式（5-4），比较等式两边，容易得到

$$\tan\varPsi = \frac{|E_{rp}|}{|E_{rs}|} \cdot \frac{|E_{is}|}{|E_{ip}|} \tag{5-6}$$

$$\Delta = (\theta_{rp} - \theta_{rs}) - (\theta_{ip} - \theta_{is}) \tag{5-7}$$

当入射在薄膜表面上的光为沿 p 方向和 s 方向的振幅相等的椭圆偏振光时，则

$$\tan\varPsi = \frac{|E_{rp}|}{|E_{rs}|} \tag{5-8}$$

当反射光为一束线偏振光时，即 $\theta_{rp} - \theta_{rs} = 0$（或 π），则

$$\Delta = -(\theta_{ip} - \theta_{is}) \text{ 或 } \Delta = \pi - (\theta_{ip} - \theta_{is}) \tag{5-9}$$

以上两个条件都得到满足时，$\tan\Psi$ 恰好是反射光的 p- 分量与 s- 分量的幅值的比，Ψ 就是反射光的偏振方向与 s 方向的夹角；Δ 只与入射到薄膜表面上的圆偏振光的 p- 分量与 s- 分量之间的相位差有关。

5.2.3 实验设备介绍

实验设备为 TPY-1 型椭圆偏振测厚仪，主要由光源机构、起偏机构、检偏机构、接收机构、主体机构、装卡机构、电控箱等组成，如图 5-17 所示。TPY-2 型椭圆偏振测厚仪及其实验操作规程见附录 C。

图 5-17 TPY-1 型椭圆偏振测厚仪

（1）光源机构。光源机构主要由氦氖激光器（波长 632.8nm、功率 0.8mW）、调节套筒、光源外壳等组成，如图 5-18 所示。

（2）起偏机构。起偏机构主要由偏振片机构、齿轮副机构、读数机构、1/4 波片机构等组成，如图 5-19 所示。

图 5-18 光源机构

图 5-19 起偏机构

偏振片置于偏振套筒中，通过回转机构可以实现 0°～180° 范围内的转动，使入射到其上的自然光（非偏振激光）变成线偏振光出射。

齿轮副机构由手轮和一对斜锥齿轮组成，大小齿轮的模数 $m=0.5$，其传动比为 $8：1$，灵敏度可以达到 $0.26°$。

读数机构由大圆刻度盘及副尺组成，大圆刻度盘与大齿轮同轴，其外圆周上均分 360份，每份 $1°$；固定尺（副尺）上刻有 20 条刻线与大圆刻度盘的 19 条刻线首尾分别对齐，即将 $1°$ 均分成 20 等份，所以偏振器方位角读数精度为 $0.05°$。通过起偏机构可测得起偏角。

在 1/4 波片机构中，1/4 波片的调节是通过旋转波片镜筒组中的回转手轮实现的，使射入其上的线偏振光变成椭圆偏振光。

（3）检偏机构。检偏机构主要由偏振片机构、齿轮副机构、读数机构等组成，如图 5-20 所示。其结构形式及作用等同于起偏机构，通过检偏机构可测出精度为 $0.05°$ 的检偏角。

（4）接收机构。接收机主要由光探测器、支架、底板、检偏度盘副尺等组成，如图 5-21 所示。光探测器采用 CR114 型侧窗式光电倍增管。

图 5-20　检偏机构　　　　　　　　　　图 5-21　接收机构

（5）主体机构。主体机构主要由大刻度盘、上回转臂、下回转臂、箱体机构等组成，如图 5-22 所示。

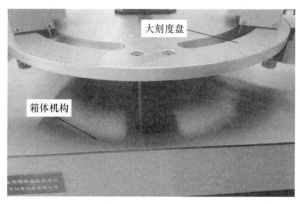

图 5-22　主体机构

大刻度盘通过三个大刻度盘支柱固定在箱体上，其上固定装卡机构以装卡被测样品。大刻度盘上表面的外边缘，刻有两段 20°～90° 的刻线，每刻度值为 1°，两个起偏、检偏度盘副尺上均匀刻有 20 格刻线，故入射角读数精度为 0.05°。

箱体机构由箱体上面板、箱体框及底脚等组成。

（6）装卡机构。装卡机构主要由燕尾导轨、调整架等组成，如图 5-23 所示。

图 5-23　装卡机构

调整架可使固定在吸盘机构上的被测样品作俯仰或左右偏摆。

光阑片置于被测样品表面处，可限制其他杂散光直接照射被测样品。光阑片可前后移动，以方便被测样品的装卡。

（7）光路。光路包括光源、接收器、偏振片、1/4 波片，光路示意图如图 5-24 所示。

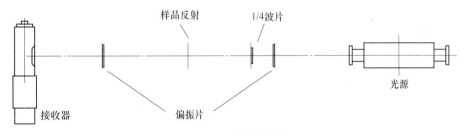

图 5-24　光路示意图

5.2.4　实验操作规程及主要现象

（1）测量单层 SiO_2 薄膜（基片为 Si）的折射率和厚度（基础内容）。

1）检查连接线。打开 TPY-1 型椭圆偏振测厚仪电源开关（在主机背面），此时氦氖激光器点亮。等待设备预热 30min，预热期间可进行样品清洁、安装等。

2）将椭圆偏振测厚仪电控箱的"高压调节"旋钮逆时针旋转到底，开电控箱电源，此时高压数字表显示"-000"，如图 5-25 所示。

3）旋转起偏器、检偏器手轮，使其刻度值分别位于 0，如图 5-26 所示。

4）松开起偏机构和检偏机构的紧固螺钉（位于机构下方），选择并记录下入射角和接收角（如 70°），如图 5-27 所示。

图 5-25   开启电控箱

 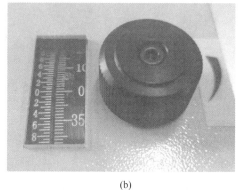

(a)   (b)

图 5-26   起偏器（a）和检偏器（b）归零

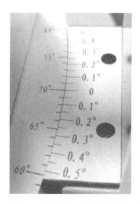

图 5-27   选定入射角和接收角

5）顺时针旋转电控箱的"高压调节"旋钮，将其读数调到-100V 左右。观察"能量显示"表的读数，并检查经样品表面反射后的激光束是否通过检偏器入光口，如图 5-28 所示。

6）仔细调节样品装卡机构的俯仰、偏转和位移旋钮，使得电控箱的"能量显示"表

图 5-28　开启高压并观察接收能量

读数最大，如图 5-29 所示。注意：俯仰、偏转和位移调节行程有限，不可朝某个方向无限调节。

图 5-29　样品调节使得能量显示最大

7）顺时针旋转电控箱的"高压调节"旋钮，使得高压达到-150V 左右，此时"能量显示"表读数增大（可能达到满量程）。然后逆时针缓慢旋转检偏器手轮，同时观察"能量显示"表读数，当读数达到最小值时，停止转动检片器手轮，如图 5-30 所示。

图 5-30　调节检偏器使"能量显示"读数最小

8）顺时针旋转电控箱的"高压调节"旋钮（使高压达到-300V左右），"能量显示"表读数增大，如图5-31所示。逆时针缓慢旋转检偏器手轮使"能量显示"表读数最小，再顺时针缓慢旋转起偏器手轮使"能量显示"表读数最小。记录此时起偏器刻度值P_1、检偏器刻度值A_1，得到一组起偏角、检偏角测量值（P_1，A_1）。

图5-31   加大负高压

9）选择不同入射角（间隔$1°\sim2°$），重复上述3）~8），进行多次测量，可得到多组起偏角、检偏角测量值。

10）打开计算机上的"TPY-1型椭圆偏振测厚仪"软件，在弹出窗口右下角点击进入，进入主界面。点击实验，选中"薄膜的折射率和厚度计算"并点击"确定"，在弹出的参数设置对话框中输入实验参数（"空气折射率"填入1，"氦氖激光波长"填入632.8，"样品衬底折射率"选择为"硅"），然后点"确定"，弹出图5-32所示的薄膜折射率和厚度计算窗口（注意：此时"入射角ϕ_1""Ψ""Δ"处为空值）。

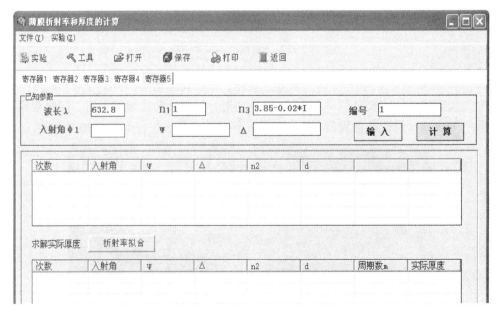

图5-32   薄膜折射率和厚度计算窗口

11）点击"输入"，弹出测量数据录入对话框，如图5-33所示。从上至下依次输入测量得到的入射角、接收角、检偏角并点击"确定"，此时在薄膜折射率和厚度计算窗口内的"入射角 ϕ_1""Ψ""Δ"显示出相应值（注意：Ψ 和 Δ 是椭偏参数）。

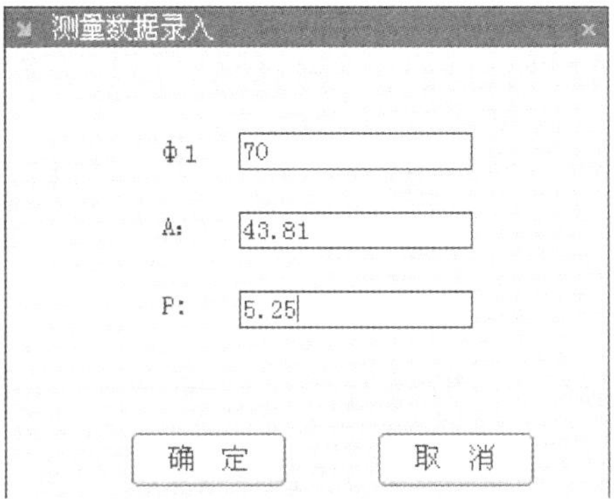

图 5-33　测量数据录入

12）在薄膜折射率和厚度计算窗口内点击"计算"，将显示计算出的薄膜参数，如图 5-34 所示。特别需要注意，一组（Ψ，Δ）可得到折射率值，但对应着多个（周期性的）膜厚值。

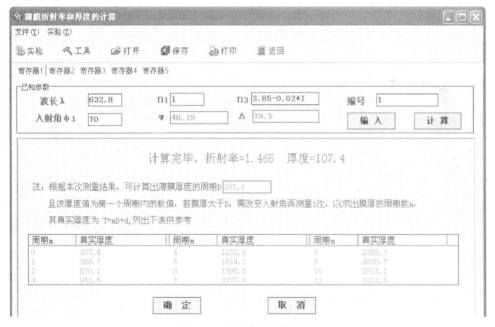

图 5-34　单次计算薄膜参数

13）点击"确定"，计算结果自动填入列表并显示在薄膜折射率和厚度计算窗口内，如图 5-35 所示。重复 11）~13），则在列表中显示多组数据。

14）为了求解出真实膜厚值，先选中列表中的任意两组数据，再点击"折射率拟

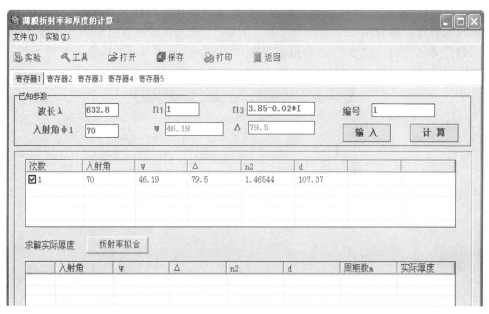

图 5-35   薄膜参数计算结果

合”，在弹出窗口中选择拟合方法及保留小数位数，然后依次点击“拟合”“确定”，可得到真实薄膜厚度与折射率，如图 5-36 所示。

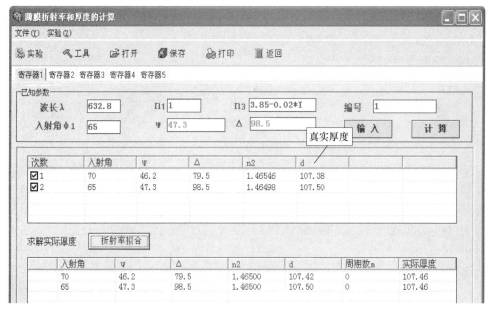

图 5-36   真实薄膜厚度

由于改变入射角测量得到了多组（ P_i , A_i ），即多组（ Ψ_i , Δ_i ），那么真实膜厚 d 取决于

$$d = m_1 D_1 + d_1 = m_2 D_2 + d_2 = \cdots = m_i D_i + d_i \tag{5-10}$$

式中　　m_i——正整数，$i = 1,2,\cdots$；

　　　　D_i——膜厚周期数，$i = 1,2,\cdots$；

　　　　d_i——不同入射角所对应的第一周期内的膜厚值，$i = 1,2,\cdots$。

除此之外，改变入射光波长进行测量也可得到真实膜厚值，本实验中无法实现，故不做讨论。

15）实验完毕，将电控箱的"高压调节"旋钮逆时针旋转到底，关闭电控箱电源开关；将起偏器和检偏器手轮旋至 0 刻度，关闭主机电源；关闭计算机。

（2）测量金属薄膜（如 Al 膜）的复折射率（拓展内容）。

计算过程中，在软件主界面选择"金属复折射率的计算"，其他测量和计算过程与实验内容（1）相同。

5.2.5　数据记录、处理与误差分析

（1）本实验数据记录与处理由软件完成。

（2）误差原因分析：

1）待测薄膜表面不干净，影响折射率测量结果。

2）由人眼判断消光点，可能并非完全消光，引入误差。

5.2.6　实验操作拓展

（1）测量研究入射光偏振态，入射角变化对薄膜反射特性的影响。

（2）基于本实验设备，提出测量 Al 薄膜厚度的可行方案，并进行实验。

5.3　分光光度法测量透射率和反射率实验

在入射光通量自被照面或介质入射面至另外一面离开的过程中，入射并透过物体的光强与入射到物体上的总光强之比，称为该物体的透射率（Transmittance）。反射光与入射光的强度之比，就是反射率（Reflectance）。

待测样品对不同波长的入射光的透射率和反射率是不一样的，因此在实验中测量的是样品对不同入射光的透射率和反射率光谱曲线。根据上述定义，只要测量出入射光强 I_0、反射光强 I_R、透射光强 I_T，并由测量值计算出相应的透射率和反射率，也可由此得到样品对光强的吸收度。

5.3.1　实验目的、内容与要求

5.3.1.1　实验目的

理解双光束分光光度计的工作原理，掌握双光束分光光度计测量透射率和反射率的方法。

5.3.1.2　实验内容与要求

（1）用红外分光光度计测量样品的透射率和相对反射率（基础内容）。

（2）用紫外可见分光光度计测量样品的透射率和相对反射率（拓展内容）。

5.3.2　实验原理与方法

5.3.2.1　双光束分光光度法

由光源发出的光，被分束镜分为对称的两束，一束经过样品室，称为样品光 S；另一束作基准用，称为参考光 R。这两束光通过样品室进入光度计后，被一个以每秒十周旋转着的扇形镜所调制并交替通过入射狭缝进入单色系统。双光束法实际上是一种比较法。能从含有各种波长的混合光中将每一单色光分离出来，并测量其强度的仪器，就叫作分光光度计。通过这种方法可以不必直接测出每一波长的入射光强，就可以测出样品的透射率光谱曲线或反射率光谱曲线，称为双光束分光光度法，如图 5-37 所示。

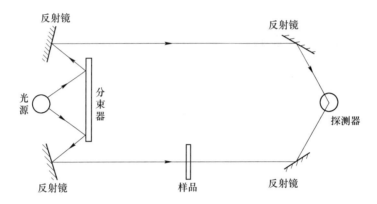

图 5-37　双光束分光光度法原理示意图

5.3.2.2　透射率测量

测量时在不放入样品的情况下先进行第一次扫描（称为基线扫描），设此时样品光路的光强为 I_{1S}，参考光路的光强为 I_{1R}，则两光路的光强比为

$$\alpha = \frac{I_{1S}}{I_{1R}} \tag{5-11}$$

再将样品放入样品光路中，进行第二次扫描。设此时样品光路的入射光强为 I_S，透过样品后的光强 I_{2S}，参考光路的光强为 I_{2R}，由于光强比不变，则有

$$I_S = \alpha I_{2R} \tag{5-12}$$

那么样品的透射率

$$T = \frac{I_{2S}}{I_S} = \frac{1}{\alpha} \cdot \frac{I_{2S}}{I_{2R}} \tag{5-13}$$

5.3.2.3　反射率测量

通常使用分光光度计测量得到的是待测样品的相对反射率，即待测样品相对于某一参比物的反射率。如果该参比物的反射率已知，则根据测量结果可进一步计算得到待测样品的绝对反射率，如图 5-38 所示。

在双光束光路的参考光路中放置任一样品，设其绝对反射率设为 R_S；在样品光路中放置参比物，其绝对反射率设为 R_1。

首先进行基线扫描。设参考光路的入射光强为 I_0，经过一个薄膜反射后的出射光强为

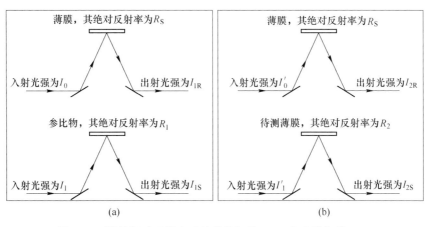

图 5-38　测量相对反射率时的基线扫描（a）和光谱扫描（b）

I_{1R} ；样品光路的入射光强为 I_1 ，经过一个参比物反射后的出射光强为 I_{1S} ，则两光路入射光强比为

$$\frac{I_0}{I_1} = \alpha = \frac{R_1 I_{1R}}{R_S I_{1S}} \tag{5-14}$$

再将样品光路中的参比物取下，换上待测样品，进行第二次扫描，如图 5-38 所示。设参考光路的出射光强为 I_{2R} ，样品光路的出射光强为 I_{2S} ，则有

$$\frac{I_0'}{I_1'} = \alpha = \frac{I_{2R}}{I_{2S}} \cdot \frac{R_2}{R_S} \tag{5-15}$$

那么，待测样品相对于该参比物的相对反射率

$$R_{21} = \frac{R_2}{R_1} = \frac{I_{2S}}{I_{2R}} \cdot \frac{I_{1R}}{I_{1S}} \tag{5-16}$$

5.3.3　实验设备

5.3.3.1　TJ270-30 型红外分光光度计

双光束红外分光光度计的整机系统由光学系统、步进电机驱动的机械传动机构、电子系统和数据处理系统四个部分组成，如图 5-39 所示。TJ270-30 型红外分光光度计的主要性能指标见附录 D。

图 5-39　TJ270-30 型红外分光光度计外观

A 光学系统

光学系统原理如图 5-40 所示。

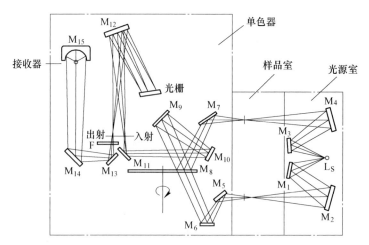

图 5-40 光学系统原理图

（1）光源室。光源室由平面镜 M_1、M_3，球面镜 M_2、M_4 以及光源 L_S 等组合而成。光源灯丝是由一种耐高温的合金丝烧制而成，点燃时温度达 1150℃。

（2）光度计。光度计由平面镜 M_5、M_6、M_7、M_{10}，椭球镜 M_9 以及扇形调制镜等组合而成，主要任务是将参考光束和样品光束在空间上合为一路，而在时间上互相交替。

扇形调制镜是光度计中的重要部件，由 R、B_1、S、B_2 四部分构成（R 为反射，S 为透射，B_1 和 B_2 不透光），其结构及调制光信号如图 5-41 所示。

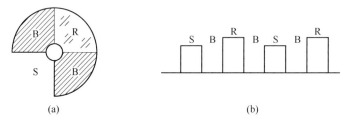

图 5-41 扇形调制镜结构（a）及其调制光信号（b）

（3）单色器。单色器由入射狭缝 S_1、平面镜 M_{11}、抛物面反射镜 M_{12}、光栅 G 及出射狭缝 S_2 等组合而成。光栅的空间频率为 66.6 条/mm，闪耀波长分别为 $3\mu m$ 和 $10\mu m$。

此外，为了获得一级衍射单色光，在出射狭缝之后放置 4 块短截止干涉滤光片，以便滤除高级衍射光，它们在如下波数位置自动切换：

$F_1 \rightarrow F_2$：$2175cm^{-1}$；

$F_2 \rightarrow F_3$：$1200cm^{-1}$；

$F_3 \rightarrow F_4$：$700cm^{-1}$。

（4）探测器。采用 TGS 探测器将调制光信号转换为电信号，光敏接收面积为0.4mm×1.5mm，窗口材料为 KBr 和 KRS-5。

B　机械传动系统

（1）波数驱动系统。由步进电机通过传动机构带动光栅旋转，从而实现波数扫描。

（2）狭缝宽度控制机构。狭缝宽度变化范围为 0.1~5mm，由软件实现狭缝宽度及其倍率变换的控制，实现在不同波数位置具有相应的狭缝宽度的要求。

（3）滤光片切换机构。由数据处理单元发出指令自动切换滤光片，仪器开机后，滤光片组件自动归位至初始位置。

（4）4000cm^{-1}位置检出机构。采用光电检测法自动、准确地检出或复位至 4000cm^{-1}位置，以保证系统的波数准确度较高。

C　电子电路及数据处理单元

图 5-42 为电子电路及数据处理单元原理图。

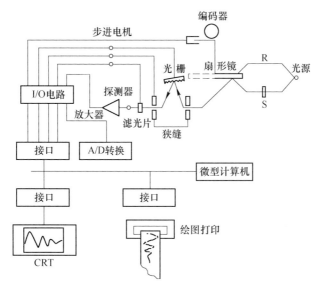

图 5-42　电子电路及数据处理单元原理图

探测器输出信号极微弱（约 $2×10^{-9}$Vrms），首先经前置放大器放大，再经可变增益放大器进一步放大，能够在改变狭缝倍率的同时自动变换整机信号增益，以保证正常工作。

通过 A/D 转换单元之后，模拟电信号转换为相应的数字量。使得同步编码信号与扇形镜的调制频率同步，以便有效进行信号分离。通过 I/O 电路单元传送控制信号，步进电机电路负责驱动各个步进电机的运转，数据处理单元用来实现整机系统的自动控制和数据处理功能。

5.3.3.2　WFZ-26A 型紫外可见分光光度计

A　光学系统

光学系统由光源系统、单色器系统、光度计系统和接收系统组成，光路图如图 5-43 所示。WFZ-26A 型紫外可见分光光度计的主要性能指标见附录 D。

光源由氘灯和卤钨灯组成，根据工作波长和测量参数自动切换。单色器包括高性能平面光栅、ZENY-TURNER 分光系统。接收器件为光电倍增管。

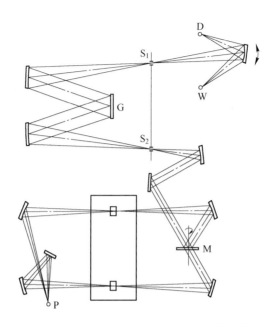

图 5-43　WFZ-26A 型紫外可见分光光度计光路图

D—氘灯；W—钨灯；S$_1$—入射狭缝；S$_2$—出射狭缝；G—衍射光栅；M—扇形镜；P—光电倍增管

B　电子系统

WFZ-26A 型紫外可见分光光度计的电子系统电路图如图 5-44 所示。

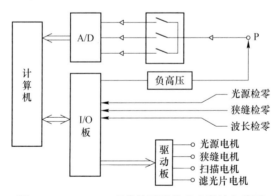

图 5-44　WFZ-26A 型紫外可见分光光度计电路图

　　光电倍增管将调制单色光信号转换为电信号（见图 5-45，其中 R 是参比光信号，S 是样品光信号，D 是暗电流信号），经前置放大，由相位检测器控制，经过模拟开关分成三路信号，再分别放大后进行 A/D 转换，将模拟信号转换成数字信号。

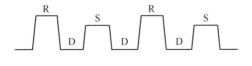

图 5-45　电信号波形图

波长扫描以及狭缝、滤光片、光源转换等都由计算机发出指令，通过 I/O 电路控制执行。光源、狭缝、波长扫描初始零点位置信号也由 I/O 电路输入。

5.3.4　实验操作规程及主要现象

（1）用红外分光光度计测量样品的透射率和相对反射率（基础内容）。

1）检查主机、控制器、计算机是否开机且正确连接好。分别打开计算机、主机开关，打开计算机上的控制软件，进入红外分光光度计系统复位提示，点击"确定"开始系统复位。系统复位完毕，进入红外分光光度计操作界面如图 5-46 所示。注意：对于普通测量，开机约 20min 后，待光源稳定方可进行；对于定量分析，开机约 60min 后，待整机系统完全稳定后方可进行。

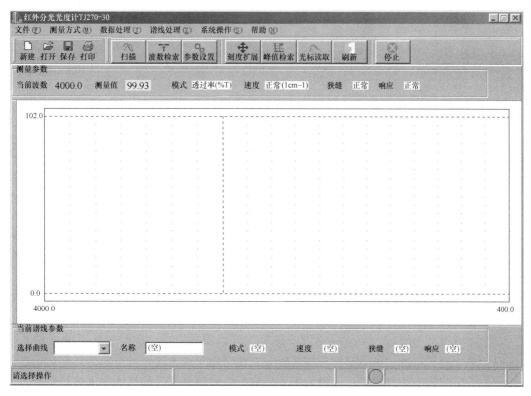

图 5-46　红外分光光度计操作界面

2）点击工具栏中的参数设置，弹出参数设置菜单。参数设置应根据样品要求来确定，若无要求或要求不确定，一般按照如下设置：测量模式为"透过率"，扫描速度为"快"，狭缝宽度为"正常"，响应时间为"正常"，X 范围为"4000 ~ 400"，Y 范围为"0 ~ 100"，扫描方式为"连续"，次数为"1"。注意：对于低透过率样品或者借助附件进行测量时，应选择慢响应，宽狭缝以及其他相应的测量参数，以保证仪器处于良好的工作状态。

图 5-47 是参数设置对话框，各参数的意义如下：

①测量模式。分为透过率，吸光度，单光束三种方式。其中，透过率和吸光度方式通

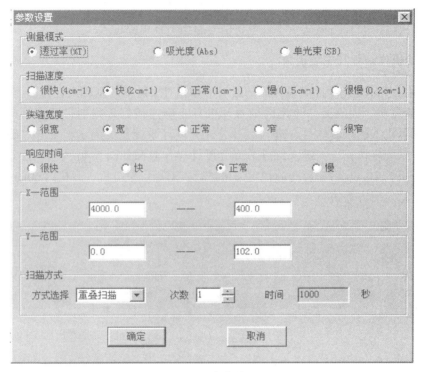

图 5-47　参数设置

常用来测量被测样品的透射或反射能力；单光束方式主要是测量光源的能量强度比，并转化成 0~100 之间的相对值。单光束测试主要检测的是仪器当前的能量状态，其测量参数为：能量方式，扫描速度为快，狭缝为正常，响应速度为正常，横坐标 4000~400，纵坐标 0~100，扫描方式为连续，时间为 1 次。

②扫描速度。分为很快、快、正常、慢、很慢，它们的意义分别是每隔 4、2、1、0.5、0.2 个波数显示一个点。

③狭缝宽度。与增益大小成反比例。狭缝宽时，增益较小，此时更接近能量的真实值，但分辨率相对较低；狭缝窄时，增益较大，此时由于放大器本身造成的对能量信号的影响较大，但分辨率相对较高。一般情况下，应根据对待测样品的具体要求进行选择。

④响应时间。主要是指对每个采集点采样并进行平滑的次数。响应时间慢，采样并平滑次数多，受电平噪声影响较小，但速度慢；响应时间快，采样并平滑次数少，受电平噪声影响较大，但速度快。

⑤X 范围。可为 4000~400cm^{-1} 之间的任意值。

⑥Y 范围。可为 -400%~400% 之间的任意值

⑦扫描方式。包含方式选择、次数和时间三项。其中，方式选择包含连续扫描、重叠扫描和时间扫描。连续扫描是指每次扫描时，都从当前波数（若波数已经在选择波数范围的最低处则回到选择波数范围的最高值）开始扫描，同时清除当前显示的所有图谱。重叠扫描是指每次扫描时，都从当前波数（若波数已经在选择波数范围的最低处则回到选择波数范围的最高值）开始扫描，但并不清除当前显示的图谱。时间扫描是指每次扫

描时，都从当前波数开始按设定的时间扫描，同时清除当前显示的所有图谱。

3）系统校准。在确认样品光路无任何物品的情况下，点击菜单栏中的"系统操作\系统校准"，进行系统 0、100%校准。注意：在每次改变系统参数之后，都要对当前参数下的系统状态进行 0% 及 100%校准。

4）将样品放入样品光路中，点击工具栏中的"扫描"，开始进行扫描。

注意：仪器测量方式包括扫描和背景基线扫描两项，各自的意义如下。

扫描：是指在当前参数设置下，从当前波数开始，进行不同波数的透过率或能量值扫描；对当前波数进行一段时间的跟踪记录，并把结果显示在屏幕上。

背景基线扫描：测量液体或气体样品时，可先放入样品做一次所选波段的背景记忆，然后在"数据处理"菜单中将"背景基线校准"选中，则背景基线在光谱扫描时自动参加运算，否则背景基线不起作用。

5）扫描结束后，点击工具栏中的"保存"，以保存图谱。点击"数据处理\读取数据"来进行列表读取或光标读取，或直接点击工具栏中的"光标读取"来直接进行光标读取。点击"数据处理\峰值检出"或直接点击工具栏中的"峰值检索"来进行峰值检出。

①数据处理包括背景基线校准、调整基线位置、刻度扩展、读取数据和刷新。各种数据处理的意义如下。

背景基线校准：此项配合测量方式菜单中的背景基线扫描使用。

调整基线位置：将现有图谱与一个系数运算后，重新显示。输入值大于现在的值时，峰谷值变大，输入值小于现在的值时，峰谷值变小。

刻度扩展：将单前横纵坐标值放大或缩小为需要的范围。点击弹出如图 5-48 所示的界面。

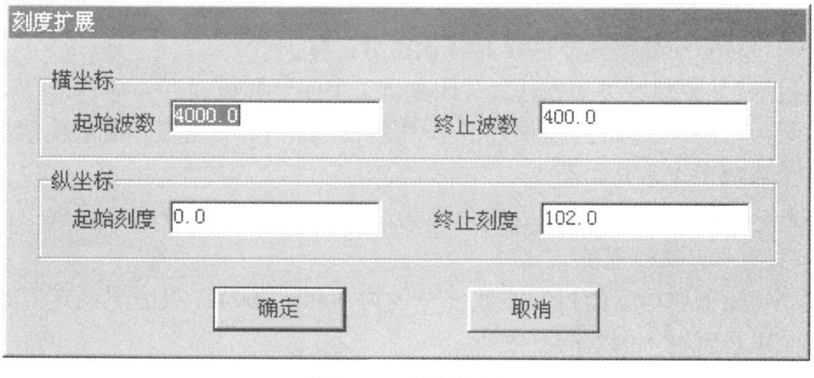

图 5-48 刻度扩展

读取数据：读取当前谱图的数据，此项中包括光标读取和数据列表两项。

刷新：将当前谱图重新显示一遍。

②谱线处理包括光谱吸收扩展、T-Abs 转换、峰值检索、删除光谱、光谱平滑运算、光谱四则运算和光谱微分等，各种谱线处理的意义如下。

光谱吸收扩展：将当前吸收光谱值与输入系数相除，使峰谷值扩展开或缩小。

T-Abs 转换：光谱透过率与吸光度之间的相互转换。

178

峰值检索：根据输入峰值水平要求检索光谱吸收峰。

删除光谱：将显示在同一界面中的重复扫描图谱根据颜色选择删除。

光谱平滑运算：将光谱进行平滑处理，去掉噪声或过小的吸收峰。

光谱四则运算：将光谱与常数或其他相同参数条件的光谱进行加、减、乘、除的四则运算，如图 5-49 所示。

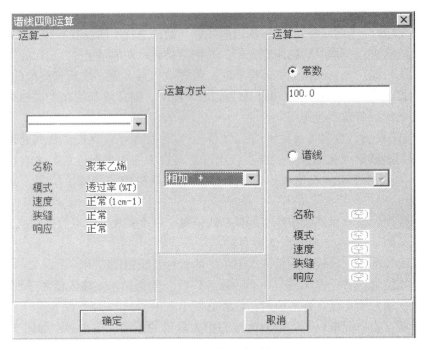

图 5-49　光谱四则运算

光谱微分：将当前光谱选择进行 1~4 次微分运算。

6）样品测试结束后，关闭软件，关闭主机，关闭计算机。

另外需要说明的是，软件界面的系统操作包括建立 100% 基线、波数检索、系统复位和校准，各个系统操作意义如下。

建立 100% 基线：建立背景基线并命名为 "bk100. dat" 记录在计算机中，若要删除 100% 基线，只有将该文件删除。

波数检索：输入要检索的目的波数（范围为 4000~400），点击 "确定" 后，系统会自动转动扫描电机至输入的目的波数处。

系统复位：系统会在当前参数下使各控制电机复位。

校准：自动记录当前参数下的 0%、100% 状态参数，并在数据处理时自动加以运算。

（2）用紫外可见分光光度计测量样品的透射率和相对反射率（拓展内容）。

1）检查主机、控制器、计算机是否正确连接。打开计算机，打开计算机上的控制软件，当计算机提示打开仪器电源时，打开紫外仪器电源开关，按 "确定"，紫外仪器主机开始进行系统初始化。系统初始化完毕，进入紫外可见分光光度计操作界面。

2）根据样品测试要求，设置测量参数，包括：测量模式（透过率、吸光度、能量）、工作光源（氘灯、钨灯）、扫描速度（快速、中速、慢速、最慢）、扫描方式（重叠扫描、连续扫描、时间扫描）、扫描波长范围（190~900nm）、测量范围、换灯波长（360nm±40nm）、负高压（1~8 档）等。

注意：在测量模式为透过率或吸光度时，工作光源和负高压自动设置，不能进行选择。只有在测量模式为"能量方式"时，才能进行工作光源和负高压设置。

3）根据测量参数检查仪器状态。在没放样品的情况下，如测量模式是透过率时，透过率值一般在100%附近；测量模式是吸光度时，吸光度值一般在0.000Abs附近，如果偏差比较大，检查 0 系数和 100 系数，以及基线光谱是否正确。

注意：如果测量模式是"能量方式"，设置合适的狭缝宽度和负高压值，使能量值在0~4095 之间。如果超出范围，重新设置狭缝宽度和负高压值。

4）进行基线光谱扫描，检查 0% 和 100% 是否准确。注意：如果测量模式是"能量方式"，不执行此步操作。

仪器的扫描方式有光谱扫描、基线扫描、时间扫描三种，各种扫描方式的意义如下。

光谱扫描：根据设定的紫外光谱测量参数完成对样品的紫外光谱扫描（透过率光谱和吸光度光谱）、能量光谱扫描。在进行光谱测量时，测量结果与 0 系数、100 系数和基线光谱数据有关。

基线扫描：根据设定的紫外光谱测量参数完成对样品或空白的基线光谱扫描。在光谱扫描时，基线光谱作为背景被扣除。

时间扫描：根据设定的紫外光谱测量参数完成对样品的定波长的时间扫描。

5）进行样品的光谱扫描。

6）样品光谱数据处理，包括刻度扩展、峰值检索、读取数据、光谱平滑、光谱微分、四则运算，各种光谱数据处理的意义如下。

刻度扩展：修改光谱的波长范围和测量范围，如图 5-50 所示。

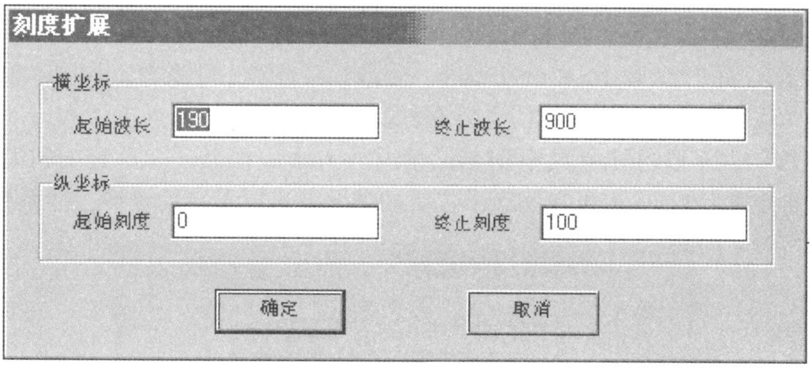

图 5-50　刻度扩展

峰值检索：检索光谱峰值。输入峰值高度后，点击"确定"开始进行光谱峰值检索，在计算机屏幕上显示符合条件的光谱峰值（包括峰尖和峰谷），并将峰值的序号标注在光谱图上。

读取数据：读取显示在计算机屏幕上的紫外光谱图（透过率光谱、吸光度光谱、能量光谱以及其他经过数据处理后的光谱）的波长值和测量值。执行后出现一个十字光标，同时显示出光标所指处的波长值和测量值。用"←键"或"→键"可以移动十字光标，移动的速度可以用 Page Up 键或 Page Down 键改变。

    光谱平滑：采用最小二乘法对紫外光谱数据进行七点平滑运算。

    光谱微分：对紫外光谱数据进行 1~4 次微分运算。

    四则运算：紫外光谱数据与常数之间的加、减、乘、除等运算。

    7）样品测试结束后，关闭软件，关闭主机，关闭计算机。

    另外需要说明的是，软件界面的系统操作包括波长检索、波长校正、系统校准，各系统操作的意义如下。

    波长检索：输入检索波长值（介于 190~900nm 之间），点击"确定"，将仪器波长快速移动到设定的波长处。

    波长校正：如果在样品测试时发现波长不准，则利用此项进行波长线性校正，如图 5-51 所示。其中，原来波长偏差值是指现在已进行校正的波长偏差值。当前波长偏差值需要输入现在实际的偏差值。例如，现在波长偏差 +0.5nm，输入 0.5；现在波长偏差 -0.5nm，输入 -0.5；最大波长线性校正范围为 ±50.0nm。

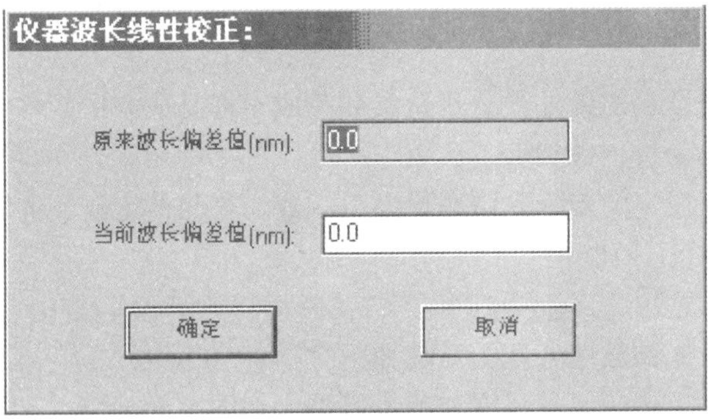

图 5-51   波长线性校正

    系统校准：进行 0% 和 100% 自动校准，测量 0 系数和 100 系数，如图 5-52 所示。点击"校准 0% 系数"进行 0% 校准，需要在样品室放入调零块；点击"校准 100% 系数"进行 100 校准，需要取出样品或根据测试情况放入本底样品。零系数的初始值为 0.0；100 系数的初始值为 1.0。如果在仪器不正常的情况下进行了自动校准，零系数和 100 系

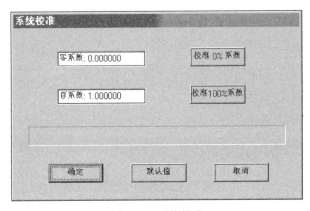

图 5-52   系统校准

数会产生很大偏差,这时可以点击"默认值"将它们恢复为初始值。

5.3.5 数据记录与处理

本实验数据记录和处理均由软件完成,下面以标准样品的红外光谱透过率作为示例介绍数据记录与处理方法。

标准聚苯乙烯薄膜的红外光谱透过率测量结果如图5-53所示。

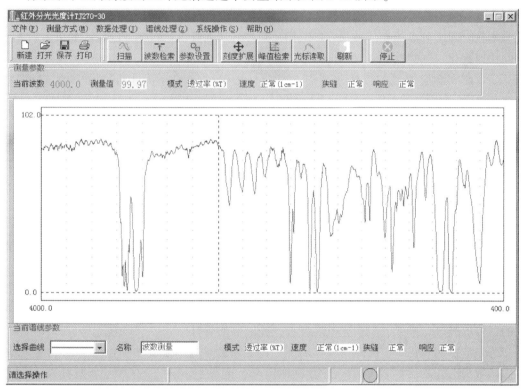

图 5-53 标准聚苯乙烯谱图

参数设置为:透过率方式,扫描速度为正常,狭缝为正常,响应时间为正常,横坐标范围 4000~400,纵坐标范围 0~100,扫描方式为连续,次数为 1 次。

测量次数:3 次。

根据测量结果,在 3000 cm^{-1} 附近,聚苯乙烯薄膜存在 6 个吸收峰,分别位于 3082cm^{-1}、3061cm^{-1}、3027cm^{-1}、3002cm^{-1}、2924cm^{-1}、2851 cm^{-1}。

5.3.6 实验拓展

(1)能否测量透镜和棱镜等样品的反射率和透过率,如何操作?

(2)借助本实验设备,提出测量某种液体样品成分定性、定量分析的可行方案,并进行实验操作。

附录 A　光电探测器的响应时间

光电探测器均存在一定惰性，即输出的电信号在时间上落后于入射光信号。惰性可能使原本在时间上分离的光信号在输出端相互交叠，从而降低信号的调制度；如果入射光随时间快速变化，则惰性会造成输出信号严重畸变。

表示时间响应特性的方法主要有两种，一种是脉冲响应特性法，另一种是幅频特性法。

A.1　脉冲响应特性

响应落后于光信号的现象称为弛豫。其中，信号开始作用时的弛豫称为起始弛豫或上升弛豫，信号停止作用时的弛豫称为衰减弛豫。弛豫时间的定义有两种：

（1）若阶跃光信号作用于器件，则起始弛豫是指响应值从零上升为稳定值的 $1-1/e$（即 63%）时所需的时间，衰减弛豫是指信号撤去后响应值下降到稳定值的 $1/e$（即 37%）所需的时间，这种定义多用于光电池、光敏电阻、热电探测器等。

（2）起始弛豫为响应值从稳定值的 10% 上升到稳定值的 90% 所需的时间，衰减弛豫为响应值从稳态值的 90% 下降到稳定值的 10% 所用的时间，这种定义多用于响应速度很快的器件如光电二极管、雪崩光电二极管、光电倍增管等。

若光电探测器在单位阶跃信号作用下的起始阶跃响应函数为 $1-\exp(-t/\tau_1)$，衰减响应函数为 $\exp(-t/\tau_2)$，则根据第一种定义，起始弛豫时间为 τ_1，衰减弛豫时间性为 τ_2。

在通常测试中，比较方便的方法是采用具有单位阶跃函数形式亮度分布的光源，从而得到单位阶跃响应函数，进而确定响应时间。

A.2　幅频特性

由于惰性，光电探测器的响应不仅与入射光的波长有关，还是入射光调制频率的函数，这种函数关系还与入射光强信号的波形有关。

通常将光电探测器的幅频特性定义为，它对正弦光信号的响应与调制频率之间的关系。一般地，光电探测器的幅频特性具有如下形式

$$A(\omega) = \frac{1}{(1+\omega^2\tau^2)^{1/2}} \tag{A-1}$$

式中　$A(\omega)$——归一化后的幅频特性，$\omega = 2\pi f$ 是调制圆频率；

　　　f——调制频率；

　　　τ——响应时间。

在实验中可以测得探测器输出电压为

$$V(\omega) = \frac{V_0}{(1 + \omega^2 \tau_2)^{1/2}} \tag{A-2}$$

式中　　V_0——探测器在入射光调制频率为零时的输出电压。

如果测得调制频率为 f_1 时的输出信号电压 V_1 和调制频率为 f_2 时的输出信号电压 V_2（为减小误差，两个电压值应相差 10% 以上），响应时间就可由下式确定

$$\tau = \frac{1}{2\pi} \sqrt{\frac{V_1^2 - V_2^2}{(V_2 f_2)^2 - (V_1 f_1)^2}} \tag{A-3}$$

为了更方便地表示光电探测器的幅频特性，引入了截止频率的概念，其定义是当输出信号功率降至超低频的一半时，即信号电压降至超低频信号电压的 70.7% 时的调制频率。截止频率可表示为

$$f_c = \frac{1}{2\pi\tau} \tag{A-4}$$

在实际测量中，可采用内调整或外调制的方式对入射光进行调制。外调制是用机械调制盘在光源外进行调制，由于这种方法在使用时需要采取稳频措施，而且很难达到很高的调制频率，因此不适用于响应速度很快的光电探测。内调制通常采用快速响应的电致发光元件作为光信号源，稳定度高、调制速度快。

附录 B ZZS-700 型真空镀膜机及操作规程

ZZS-700 型真空镀膜机如图 B-1 所示。该设备主要由主机、机械泵、分子泵、水冷机、空气压缩机等组成，机械泵和分子泵用于对样品仓抽高真空，极限真空度可达 1.0×10^{-3} Pa；水冷机用于循环提供冷却水，水温约 20℃；空气压缩机用于给设备内若干阀门提供高压气动，以便操控。

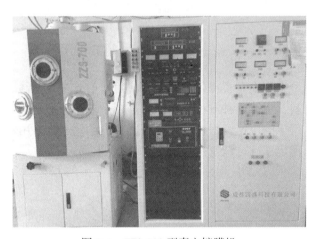

图 B-1 ZZS-700 型真空镀膜机

设备配置了 MDC-360 型膜厚控制仪，方便设置并控制单层、多层膜的厚度。真空系统工作原理、镀膜过程等与 H44500B 型镀膜机类似，在此不再赘述。

下面介绍使用 ZZS-700 型真空镀膜机的电子束加热蒸发方式制备薄膜的主要实验步骤。

（1）检查机械泵油面、水冷机水位、空气压缩机压力表，开设备总电闸。

（2）依次点击水冷前面板上的"pump""comp1"（comp2 为备用，不打开），打开水冷机。

（3）在镀膜机电控柜门内打开总电闸，然后检查电控柜门上的气压、室门、柜门 1 均绿灯亮，检查柜门上的总电源三个红灯亮，将"手动/自动"切换旋钮拨至"手动"。

（4）打开 FD-3500K 电源。

（5）点开机械泵，待 30s 后开预阀，待 30s 后开分子泵（注意：检查 FD-3500K 所显示的频率是否逐渐增大）。

（6）点开放气阀（注意：点按钮后有延时，约 5s 后设备才做出反应），待样品仓破真空后，进行清洁、装料等工作。

（7）待 FD-3500K 显示频率为 225Hz 时，关预阀，开低阀，开始对样品仓抽低真空。

（8）待样品仓真空度约 10Pa（复合真空计左侧显示器）时，关低阀，开预阀。

（9）点开轰击电流，调至 100mA，观察室内起辉光，持续 5~10min 后，减轰击电流至 0，关轰击电流。

（10）检查样品仓真空度（应不高于 3Pa）；否则，关预阀，开低阀，继续对样品仓抽真空使其真空度不高于 3Pa（此时电控面板上的低真空绿灯应点亮）。

（11）关低阀，开预阀，开高阀。

（12）待样品仓真空度小于 0.01Pa（复合式真空计右侧显示器）时，开工转，调工转电压至 100V，然后开烘烤，缓慢调节烘烤电压至 100V。

（13）待样品仓真空度接近 10^{-4} Pa。

（14）点开枪灯丝（检查灯丝电流为 0.5A，指针位于"灯丝电流"表中的小圆点处），检查偏转、枪水流、柜门 2 的绿灯点亮，待 5min 后开高压（手柄上）。

（15）调节束流大小，预熔材料（预熔时间、预熔束流大小与材料有关）。

（16）减束流至 0，关高压，待样品仓真空接近 10^{-4} Pa。

（17）开高压，开压控仪，点击压控仪面板上"开电离"，待显示值稳定，点击压控仪上的控制（检查控制红灯点亮）。一般地，镀氧化物，压控仪设置为 0.01Pa，镀膜时通过充气阀充氧气，并且注意枪 1 对应左电子枪，枪 2 对应右电子枪。

（18）在 MDC-360 型膜厚控制仪上设置薄膜参数，开始镀膜。

（19）镀膜完毕，减束流至 0，关高压，关枪灯丝；减烘烤电压至 0，关烘烤；减工转电压至 20V。

（20）关高阀，关分子泵，待样品仓温度小于 100℃（烘烤温度显示屏上部数值），待分子泵频率降至 0Hz，关 FD-3500K 电源。

（21）开放气阀，调工转电压至 0，关工转。

（22）实验完毕，开样品仓取出样品。

（23）关样品仓，关放气阀，关预阀，开低阀，对样品仓抽气 3~5min，以便样品仓处于低真空状态；待样品仓真空度约为 3Pa，关低阀，关机械泵。

（24）关电控柜内的总电阀，关水冷机，关总电闸。

附录 C　TPY-2 型椭圆偏振测厚仪及实验操作规程

TPY-2 型椭圆偏振测厚仪实验操作规程如下：

（1）检查连接线，打开"TPY-2 型椭圆偏振测厚仪"电源开关，等待预热 30min（预热期间可装卡样品）。调整起偏机构、检偏机构使入射角等于接收角（例如 70°），调整样品装卡机构使得反射光完全进入接收口。顺时针旋转电控箱的"高压调节"旋钮，使得高压达到-150V 左右。

（2）打开"TPY-2 型椭圆偏振测厚仪"软件，在弹出窗口右下角点击 ![进入] 进入，进入主界面。点击 ![实验]，选中"薄膜的折射率和厚度计算"并点击"确定"，在弹出的参数设置对话框中输入实验参数（"空气折射率"填入 1，"氦氖激光波长"填入 632.8，"样品衬底折射率"选择为"硅"），然后点击"确定"。弹出测量薄膜的折射率和厚度窗口。

（3）点击"测量"，弹出测量设置对话框，如图 C-1 所示。输入在（1）中所设置的入射角值及其他参数，然后点击"确定"。

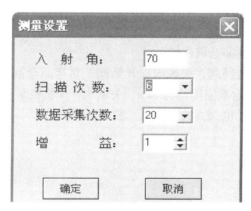

图 C-1　测量设置对话框

（4）在弹出的测量界面下部点击"测量"，界面的左侧会显示步骤提示，右侧显示扫描曲线，如图 C-2 所示。注意：测量过程中如果扫描曲线的谷点过低（接近 0），此时可适当把电控箱电压上调一些。

（5）待测量结束，在测量界面左下角的"最后几次平均"中选择数据平均次数，点击"确定"。之后显示图 C-3 所示的窗口，此时测量数据已自动填入参数栏内。点击"计算"，窗口中部显示计算结果。

（6）点击"确定"，计算结果自动填入列表中。

（7）为了得到真实膜厚，改变入射角后（间隔 1°~2°），重复上述（3）~（6），可

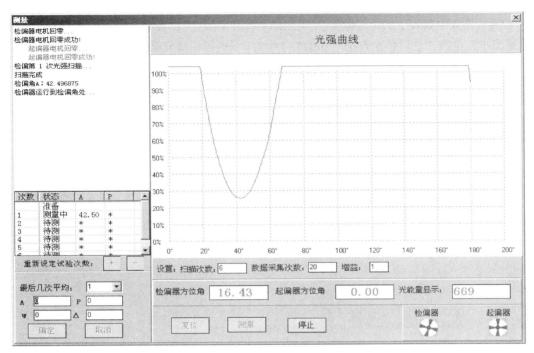

图 C-2　测量界面

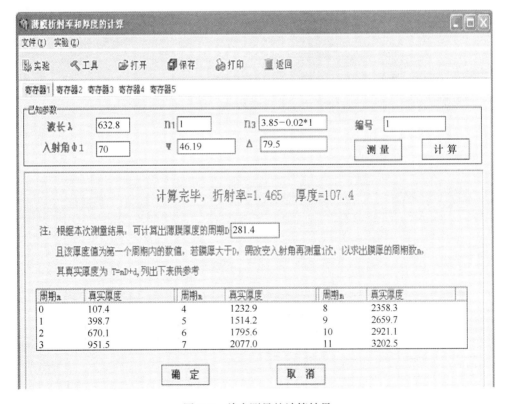

图 C-3　单次测量的计算结果

以得到第二组数据。

（8）先选中列表中的两组数据，再点击"折射率拟合"，在弹出窗口中选择拟合方法及保留小数位数，然后依次点击"拟合""确定"，可得出真实薄膜厚度与折射率。

（9）实验完毕，将电控箱的"高压调节"旋钮逆时针旋转到底，关闭电控箱电源开关；关闭计算机。

附录 D TJ270-30（30A）型红外分光光度计和 WFZ-26A 型紫外可见分光光度计主要性能指标

D.1 TJ270-30（30A）型红外分光光度计主要性能指标

（1）波数范围：$4000 \sim 400 cm^{-1}$。

（2）透过率范围：$0\% \sim 100\%$（可扩展至 $-400\% \sim 400\%$）。

（3）吸光度范围：$0 \sim 1A$（可扩展至 $-4 \sim 4A$）。

（4）全波段扫描时间：$2.5 \sim 25 min$（响应为"快"时）。

（5）波数准确度：$4000 \sim 2000 cm^{-1}$ 范围内为 $\pm 4 cm^{-1}$，$2000 \sim 400 cm^{-1}$ 范围内为 $\pm 2 cm^{-1}$。

（6）波数重复性：$4000 \sim 2000 cm^{-1}$ 范围内为 $2 cm^{-1}$，$2000 \sim 400 cm^{-1}$ 范围内为 $1 cm^{-1}$。

（7）透过率准确度：$\pm 0.2\%$（不包括噪声电平）。

D.2 WFZ-26A 型紫外可见分光光度计主要性能指标

（1）波长范围：$190 \sim 900 nm$。

（2）透过率范围：$0\% \sim 100\%$。

（3）吸光度范围：$0 \sim 1A$。

（4）能量范围：$0 \sim 4095$。

（5）换灯波长：$360 nm$。

（6）波长准确度：$\pm 0.3 nm$。

参 考 文 献

［1］李修建，邵铮铮，戴穗安，等．近代物理实验［M］．长沙：国防科技大学出版社，2018.

［2］吴思诚，王祖铨．近代物理实验［M］.3 版．北京：高等教育出版社，2008.

［3］戴道宣，戴乐山．近代物理实验［M］.2 版．北京：高等教育出版社，2006.

［4］南京大学近代物理实验室．近代物理实验［M］．南京：南京大学出版社，1993.

［5］晏于模，王魁香．近代物理实验［M］．吉林：吉林大学出版社，1994.

［6］高立模．近代物理实验［M］．天津：南开大学出版社，2006.

［7］北京大华无线电仪器厂．DH406A 型微波实验系统使用说明书［Z］.

［8］刘列，杨建坤等．近代物理实验［M］．长沙：国防科技大学出版社，2000.

［9］杭州精科仪器有限公司．FB808B 型弗兰克-赫兹实验仪使用说明书［Z］.

［10］赵燕萍．比较法在物理实验中的应用［J］．江西科学，2005，23（5）.

［11］北京大华无线电仪器厂．DH809A 型微波顺磁共振实验系统说明书［Z］.

［12］林立华，周群，汤猛．大学物理实验中的比较法及应用［J］．实验科学与技术，2016，14（5）：186-189.

［13］季振国．半导体物理［M］．杭州：浙江大学出版社，2005.

［14］北京大华无线电仪器厂．DH926B 型微波分光仪使用说明书［Z］.

［15］刘恩科，朱秉升，罗晋生．半导体物理学［M］．北京：国防工业出版社，2010.

［16］常铁军，祁欣．材料近代分析测试方法［M］.2 版．哈尔滨：哈尔滨工业大学出版社，2003.

［17］上海复旦天欣科教仪器有限公司．FD-FH-I 型弗兰克-赫兹实验仪产品说明书［Z］.

［18］朱明华．仪器分析［M］.3 版．北京：高等教育出版社，2003.

［19］谢孟贤，刘国维．半导体工艺原理（上册）［M］．北京：国防工业出版社，1980.

［20］丹东通达科技有限公司．TD 系列 X 射线衍射仪用户手册［Z］.

［21］孙恒慧，包宗明．半导体物理实验［M］．北京：高等教育出版社，1985.

［22］天津市拓普仪器有限公司．WHS-1 型黑体测量实验装置说明书［Z］.

［23］杨德仁．半导体材料测试与分析［M］．北京：科学出版社，2010.

［24］广州四探针科技有限公司．RTS-8 型四探针测试仪及软件测试系统用户手册［Z］.

［25］天津市拓普仪器有限公司．WSZ-5A 型单光子计数实验系统使用说明书［Z］.

［26］广州四探针科技有限公司．RTS-9 双电测四探针测试仪用户手册［Z］.

［27］施敏，伍国钰．半导体器件原理［M］．西安：西安交大出版社，2008.

［28］中国科学院半导体研究所．半导体的检测与分析［M］．北京：科学出版社，1984.

［29］广州四探针科技有限公司．LT-2 型单晶少子寿命测试仪用户手册［Z］.

［30］季家镕．高等光学教程——光学的基本电磁理论［M］．北京：科学出版社，2007.

［31］浙江光学仪器制造有限公司．WPZ-II 型微机永磁智能型塞曼效应实验仪说明书［Z］.

［32］王仕璠，刘艺，等．现代光学实验教程［M］．北京：北京邮电大学出版社，2004.

［33］四川四盛真空设备有限公司．真空镀膜机 ZZS-700 型箱式真空镀膜机使用手册［Z］.

［34］深圳市麓邦技术有限公司．全息光栅制作与参量测量实验装置［Z］.

［35］廖延彪．偏振光学［M］．北京：科学出版社，2003.

［36］天津市拓普仪器有限公司．TJ270-30A 型红外分光光度计使用说明书［Z］.

［37］天津市拓普仪器有限公司．WFZ-26A 型紫外/可见分光光度计使用说明书［Z］.

［38］天津市拓普仪器有限公司．TPY-1 型椭圆偏振测厚仪说明书［Z］.

［39］天津市拓普仪器有限公司．TPY-2 型自动椭圆偏振测厚仪说明书［Z］.

［40］钟锡华．陈熙谋．大学物理通用教程［M］．北京：北京大学出版社，2003.

［41］张天喆，董有尔. 近代物理实验［M］. 北京：科学出版社，2004.

［42］大恒新纪元科技股份有限公司. 光电探测器参数测量实验讲义［Z］.

［43］陈熙谋. 光学·近代物理［M］. 北京：北京大学出版社，2002.

［44］宣桂鑫. 光学［M］. 上海：华东师范大学出版社，2006.